Wolfgang Schwenke

Heimliche Helfer

Schlupfwespen
und
Schlupffliegen

Prof. Dr. Wolfgang Schwenke studierte Biologie in Berlin, wo er 1950 promovierte und 1958 habilitierte. Seit 1966 war er Leiter des Instituts für Angewandte Zoologie der Ludwig-Maximilian-Universität München. Diese Position hatte er bis zu seiner Emeritierung im Jahr 1987 inne. Zugleich war er Leiter des Instituts für Zoologischen Forstschutz der Forstlichen Versuchsanstalt des Bayerischen Staatsministeriums für Landwirtschaft und Forsten. Im Jahr 1995 wurde ihm die Karl-Escherich-Medaille für besondere Verdienste um die angewandte Entomologie verliehen. Bekannt wurde er durch über 100 Veröffentlichung. An erster Stelle ist hier die Herausgabe des fünf-bändigen wissenschaftlichen Standardwerks „Die Forstschädlinge Europas" zu nennen. Hinzu kamen populärwissenschaftliche Bücher wie „Zwischen Gift und Hunger", „Ameisen - Der duftge-lenkte Staat" und „Der unbekannte Wald".

Im Laufe seiner Tätigkeit als Zoologe, Entomologe und Forstwissenschaftler erkannte Wolfgang Schwenke schon früh die zentrale Bedeutung intakter Ökosysteme. Er war ihm deshalb sehr wichtig, seine wissenschaftlichen Erkenntnisse auch einer breiteren Öffentlichkeit zugänglich zu machen. Dabei hatte er immer auch die praktische Umsetzung seiner Forschung im Blick.

Mit dem Buch „Heimliche Helfer" will Wolfgang Schwenke auf die große wirtschaftliche und ökologische Bedeutung von Schlupfwespen und -fliegen aufmerksam machen. Schlupfwespen und -fliegen entwickeln sich im Körper anderer Gliederfüßler und töten diese dabei. Es wird ausführlich erläutert, wie diese Form des Parasitismus zur Wiederherstellung und Erhaltung von Ökosyste-men in Land- und Forstwirtschaft genutzt werden kann, die durch chemische Eingriffe oft stark beeinträchtigt sind.

Wolfgang Schwenke verstarb im Mai 2006, ohne seine letzten Forschungsergebnisse publiziert zu haben. Seine Familie veröf-fentlicht diese nun anlässlich seines 90. Geburtstags am 22. März 2011 mit dem vorliegenden Werk.

Wolfgang Schwenke

Heimliche Helfer

Die verborgene Welt der
Schlupfwespen und Schlupffliegen

Inhalt

Vorwort   9

I. Einleitung   11
1. Ist der Maikäfer ein Parasit?   11
    Grundbegriffe
2. Ichneumoniden und Tachinen   13
    Namensgebung

II. Schlupfwespen   16
3. Dolch- und Hungerwespen   16
    Schlupfwespengruppen
4. Ein 37 Meter langer Rabe?   23
    Körperbau und Größe der Vollkerfe
5. Gespensterlarven   26
    Körperbau von Larven und Puppen
6. Grüne Amerikaner   28
    Färbung
7. Schwimmwespen   30
    Fortbewegung
8. Nützliche Blattläuse   32
    Nahrung der Vollkerfe
9. Riechtasten   35
    Sinne
10. FABREs Experiment   37
    Instinkte, Verhalten
11. Eineiige Dreitausendlinge   41
    Ungeschlechtliche Fortpflanzung
12. Männer überflüssig   43
    Eingeschlechtliche Fortpflanzung

13. Geschwisterliebe   45
    Zweigeschlechtliche Fortpflanzung
14. Wärme schafft Männchen   47
    Geschlechterverhältnis
15. Wegweisende Sexualdüfte   49
    Partnerfindung
16. Wespenbalz   50
    Werbung, Begattung
17. 15 bis 15 000 Eier   51
    Bildung, Transport und Zahl der Eier
18. Wespenlarve im Floh   55
    Wirtsspektrum
19. Kiefernölduft   58
    Wirtsfindung
20. Ein Pilz als Lotse   59
    Sonderformen der Wirtsfindung
21. Mit der Küchenschabe um die Welt   61
    Wirtsbindung
22. Einstich im Flug   65
    Eiablage in den Wirt
23. Ins Gras gebissen   68
    Eiablage an den Wirt
24. Verschluckte Eier   72
    Eiablage abseits vom Wirt
25. Vererbter Speiseplan   74
    Larvenentwicklung: Nahrung und Atmung
26. Laven messen Tageslängen   78
    Larvenentwicklung: Zeit
27. Blattlaus-Ballons   81
    Verpuppung und Kokonbildung
28. Zwanzig Generationen im Jahr   84
    Generationszahl, Wirtswechsel
29. Der Spinne stinkt es   86
    Abwehreinrichtungen
30. Mutter parasitiert bei Kindern   88
    Auto-, Klepto-, Arbeitsparasitismus

31. Nehmen wir uns einen Hund?   91
    Transport- und Halbparasitismus
32. Die Schlupfwespe schläft   93
    Ausklang

III. Schlupffliegen   95
33. Dasselbe Ziel   95
    Schlupfwespen und -fliegen
34. Spalt- und Deckelschlüpfer   96
    Schlupffliegengruppen
35. Rotierende Kolben   101
    Körperbau
36. Ei am Stiel   103
    Bau der Eier, Larven und Puppen
37. Landung an der Zimmerdecke   106
    Fortbewegung
38. Das zweite Gesicht   108
    Sinne und Verhalten
39. Kuss zwischen den Augen   110
    Partnersuche, Begattung, Wirtssuche
40. Fliege in Kellerassel   112
    Wirtskreis und -bindung
41. Trauerschweber scheren aus   114
    Parasitierungsformen
42. Vagina als Gebärmutter   116
    Befruchtung, Eientwicklung, Eizahl
43. Verschluckte Eier   118
    Eiablage an oder in den Wirt
44. Platz- und Kriechwinker   121
    Eiablage abseits vom Wirt
45. Kastration   124
    Die Fliegenlarve als Parasit
46. Diapausen   126
    Entwicklung, Generation
47. Manche mögen's heiß   129
    Leben der Fliege

48. Todesfalle Häutung   131
    Verluste der Schlupffliegen

IV. Schlupfwespen und -fliegen im Ökosystem   136
49. Nichts geht ganz zugrunde   136
    Ökosystemgleichgewicht
50. V – S = O   137
    Artgleichgewichte
51. Der weise Mensch   141
    Gestörte Gleichgewichte

**V. Schädlingsbekämpfung mit Schlupfwespen und -fliegen
146**
52. Duftstoff-Fallen   146
    Schädlingsbekämpfung im Umbruch
53. Prinzip Feuerwehr   148
    Kurzzeitwirkungen
54. Mischwaldproblem   151
    Dauerwirkungen

Vorwort

Mit etwas Glück und einem geübten Auge wäre es möglich, an einem Frühsommertag eine Fliege zu beobachten, die in geringer Höhe über einer Wiese langsam auf- und abfliegt. Dass sie dabei viele kleine Eier fallen lässt, ist nicht zu erkennen. Ebenso nicht, dass aus den Eiern winzige Maden schlüpfen, die in den Boden wandern, dort nach Engerlingen suchen, in diese eindringen und sie von innen her auffressen. Die erwachsene Made verlässt im folgenden Frühjahr die Hülle des ausgefressenen Engerlings und bildet eine Puppe. Aus dieser schlüpft wenig später eine neue Fliege, die sich zur Erdoberfläche emporarbeitet. Es handelt sich bei dieser Fliegenart um die zur Gruppe der Schlupffliegen gehörende Engerlingsfliege.

Wir kennen heute in Europa rund 1000 Fliegenarten und, sage und schreibe, 12 500 Wespenarten, die im Prinzip wie die Engerlingsfliege sich im Körper anderer Gliederfüßer, vor allem Insekten, entwickeln und diese dabei töten. Damit hat mehr als ein Viertel der 50000 europäischen Insektenarten den Parasitismus bei anderen Gliederfüßern zu ihrer Lebensform gewählt. Das ist ein verblüffend hoher Anteil, dessen ökologische und wirtschaftliche Bedeutung entsprechend groß ist. Die Schlupfwespen und -fliegen werden von den Land- und Fortwirten, Gärtnern und Winzern als „heimliche Helfer" im Kampf gegen die schädlichen Insekten hoch geschätzt. In jüngerer Zeit wurde auch damit begonnen, sie aus ihrer Heimlichkeit hervorzuholen und gezielt zur biologischen Schädlingsbekämpfung einzusetzen.

Es gibt Stimmen, die die Bedeutung der parasitischen Wespen und Fliegen noch viel höher einschätzen. Schon 1930 behauptete der amerikanische Zoologe FLANDERS, dass es ohne Schlupfwespen keine Menschen gäbe! Denn die Schlupfwespen, so argumentiert er, hätten seit jeher die pflanzenfressenden Insekten, vor allem Raupen sowie Käfer- und Blattwespenlarven, so „kurz gehalten", dass die Pflanzen und alle von ihnen direkt (als Pflanzenfresser) oder indirekt (als Tierfresser) abhängigen Tiere und auch der Mensch existieren und evolutionieren konnten. Erst dem Menschen war es vorbehalten, dieses zwischen Pflanzenerzeugung, Pflanzenfraß und Schlupfwespeneinwirkung bestehende Gleichgewicht an vielen Orten so stark zu stören, dass ganze Pflanzenbestände durch Insektenfraß vernichtet wurden und noch werden, es sei denn, ihre Vernichtung würde vom Menschen mit Hilfe massiver Bekämpfungsmaßnahmen verhindert.

Trotz ihrer grundlegenden ökologischen und ökonomischen Bedeutung sind die Schlupfwespen und -fliegen in der Bevölkerung noch weitgehend unbekannt. Ein Grund dafür mag darin liegen, dass die enorme Artenfülle sowie die komplizierte Entwicklung und Lebensweise dieser Insekten ihre Darstellung in Form eines allgemeinverständlichen Buches bisher verhinderten. Wir stehen heute am Anfang eines gewaltigen Umbruchs der Land- und Fortwirtschaft in Richtung auf eine Rückführung unserer naturfremd gewordenen Felder, Wälder, Wiesen und Gärten zu naturnahen Lebensräumen (Ökosystemen). Allen jenen, die sich näher für diese Umwandlung interessieren oder an ihr mitarbeiten, möchte das vorliegende Büchlein Einblick in eine Tiergruppe geben, die eine Schlüsselrolle bei der Schaffung und Erhaltung naturnaher Ökosysteme spielt.

I. Einleitung

1. Ist der Maikäfer ein Parasit?
Grundbegriffe

Bevor wir die parasitischen Wespen und Fliegen näher betrachten, wollen wir uns über einige Grundbegriffe klar werden.

Die Kurzdefinition lautet: Parasitismus ist die ohne (sofortigen) Tod und ohne Gegenleistung erfolgende Nutznießung eines Lebewesens, des Wirtes, durch ein anderes Lebewesen, den Parasiten, Schmarotzer oder Nutznießer.

Grundsätzlich gibt es den Parasitismus nur innerhalb eines der drei Organismen-Reiche: Mikroorganismen – Pflanzen – Tiere (+ Mensch), nicht jedoch zwischen ihnen. Zwar schmarotzen viele Mikroorganismen und Pilze bei Tier und Mensch, doch gelten sie nicht als Parasiten sondern als Krankheitserreger. Die zuweilen auch heute noch zu findende Auffassung, das pflanzenfressende Tier sei ein Parasit seiner Nahrungspflanze, ist überholt.
Der Maikäfer ist ebenso wenig ein Parasit der Birke wie die Kuh ein Parasit des Grases. Beide gehören vielmehr zu den Pflanzenfressern (Phytophagen).

Wir beschränken uns in diesem Buch auf eine Form des tierischen Parasitismus: den Ernährungsparasitismus von Wespen und Fliegen bei anderen Insekten und verwandten Gliederfüßern (Spinnen, Tausendfüßer). Bei dieser Parasitierungsform verzehrt eine Wespen- oder Fliegenlarve die Körpersubstanz eines Wirtstieres, ohne dieses sogleich zu töten und bestreitet mit dieser Substanz seine Entwicklung.
Leider ist in jüngerer Zeit eine Verwirrung dadurch entstanden,

dass ein Teil der Zoologen den Schlupfwespen und -fliegen die Bezeichnung „Parasiten" aberkannte und sie zu „Parasitoiden" (Raubparasiten) machte mit der Begründung, dass diese Insekten ein Merkmal des „echten" Parasitismus, den Wirt am Leben zu lassen, nicht erfüllen, sondern durch die Tötung ihres Wirtes im Prinzip mit den Räubern (Episiten) übereinstimmen. Da die Schlupfwespen und -fliegen andererseits eindeutige Parasiten-Merkmale aufweisen, stellte man sie als „Parasitoide" zwischen die Parasiten und Räuber. Obgleich diese Handhabung bereits in der Fachliteratur Fuß gefasst hat, wird der Name Parasitoid in diesem Buch vermieden und der alte Name Parasit beibehalten und zwar aus folgenden sechs Gründen:

1. ist der Parasit in aller Regel kleiner als sein Wirt, also z.B. die Schlupfwespe kleiner als die Raupe, der Räuber dagegen größer als sein Beutetier;
2. begnügt der Parasit sich zeitlebens mit einem einzigen Wirtstier, während der Räuber mehrere bis viele Beutetiere benötigt;
3. tötet der Räuber eine Beute – von gelegentlichem Spielen abgesehen – sogleich nach dem Fang, während der Parasit sein Wirtstier noch relativ lange am Leben lässt und während dieser Zeit nur solche Körpersubstanz des Wirtes verzehrt, die für jenen nicht lebensnotwendig ist;
4. hat der Parasit seine Entwicklung an die Entwicklungsphase seines Wirtstieres angepasst, während beim Räuber keine Entwicklungsbeziehung zur Beute besteht;
5. ist die Unterscheidung zwischen dem das Wirtstier am Leben lassenden „echten" Parasiten und dem das Wirtstier tötenden „Parasitoiden" fließend. Es gibt viele „echte" Parasiten zumal unter den Würmern wie die Trichine, die ihren Wirt (auch den Menschen) töten, während es andererseits häufig ist, dass „Parasitoide" nach beendeter Entwicklung ihren Wirt am Leben lassen s.u.;
6. führt die Unterscheidung zwischen Parasiten und Parasitoiden in den sprachlichen Wirrwarr. Denn korrekterweise

müssten dann die Schlupfwespen und -fliegen „parasitoidieren" anstatt „parasitieren" und ihre Lebensweise wäre der „Parasitoidismus" und nicht der „Parasitismus".

Alle diese Gründe sprechen so stark zugunsten der Beibehaltung der alten Bezeichnung „Parasit" für die parasitischen Wespen und Fliegen, dass man sich von dem neuen Terminus „Parasitoid" wieder trennen sollte.

Abschließend sei noch einmal auf die obige Definition des Parasitismus zurückgekommen und gefragt: Ist danach nicht der Mensch als Parasit der Kuh zu bezeichnen, da er für seine und seiner Kinder Entwicklung der Kuh laufend eine Körpersubstanz, die Milch, entzieht? Das ist nicht der Fall, weil er der Kuh Gegenleistungen in Form von Futter und Schutz bietet. Selbst wenn die Kuh auf der Weide frisst und gemolken wird, befindet sie sich unter dem Schutz des Menschen. Mensch und Kuh stehen zueinander im Verhältnis der Symbiose, das heißt des Zusammenlebens zu gegenseitigem Vorteil.

2.   Ichneumoniden und Tachinen
      Namensgebung

Der deutsche Name Schlupfwespen ist zur Bezeichnung der parasitischen Wespen seit langem eingebürgert. An sich scheint er nicht gerade originell, denn das „Schlüpfen" ist bei allen Insekten als Wechsel von Entwicklungsstadien (Ei – Larve, Puppe – Vollkerf) ein Grundvorgang. Jedoch hat die Bezeichnung bei den parasitischen Wespen und Fliegen eine ganz besondere Bedeutung, nämlich die eines Verlassens des Körpers anderer Gliederfüßerarten, also von Arten derselben Tiergruppe.

Eine engere Verwandtschaftsgruppe bilden die Schlupfwespen nicht, sondern es werden unter diesem Namen die parasitischen Vertreter vieler unterschiedlicher Überfamilien und Familien zusammengefasst (S. 16). Wissenschaftlich werden sie auch als Hymenoptera parasitica bezeichnet.

Nicht selten werden die Namen Schlupfwespen und Ichneumoniden gleichgesetzt. Das liegt darin begründet, dass fast alle größeren und durch ihre Färbung auffallenden parasitischen Wespen der artenreichen Familie Ichneumonidae angehören, die auch „echte Schlupfwespen" genannt werden. Bereits der Römer Plinius d.Ä. (27–73 n.Chr.) nannte eine den Raupen nachstellende Wespenart „Ichneumon" und leitete diesen Namen von einer den alten Ägyptern heiligen, den Mäusen, Schlangen und anderen Schädlingen nachstellenden Schleichkatze *(Herpestes ichneumon)* ab.

Nichtsdestoweniger ist der Familienname Ichneumonidae oder seine Eindeutschung Ichneumoniden als Sammelbezeichnung für alle Schlupfwespen nicht geeignet, da trotz ihrer hohen Artenzahl die Ichneumoniden nur eine einzige von 55 Schlupfwespen-Familien bilden (S. 17, 21).

Ein ähnlich gelagertes Problem finden wir bei den parasitischen Fliegen. Auch hier umfasst eine Familie, die Tachinidae (eingedeutscht: Tachinen) die größten und auffälligsten parasitischen Vertreter und wird daher als Inbegriff aller bei den Insekten parasitierenden Fliegen verwendet. Im Deutschen nennt man sie Raupenfliegen, weil die meisten Arten als Raupenparasiten bekannt sind. Jedoch auch diese Familie repräsentiert nicht die Vielfalt der parasitischen Fliegen, sondern hat noch 8 weitere Familien neben sich.

Um sämtliche parasitisch bei Insekten und verwandten Gliederfüßern lebenden Fliegen unter einem Namen zusammenzufassen, bietet sich das deutsche Wort Schlupffliegen an. Das lateinische Diptera parasitica (entsprechend den Hymenoptera parasitica s.o.) wäre dafür insofern nicht geeignet, als gerade bei den Zweiflüglern (Diptera) zahlreiche Familien mit fakultativen

(Kurzzeit-) Blutsaugern wie Stechmücken, Gnitzen, Bremsen u.a. einen Ektoparasitismus bei Wirbeltieren aufweisen, der uns hier nicht interessiert. Dagegen ließe sich als wissenschaftlicher Name Diptera aculeata verwenden, der das Wirtsspektrum auf die Aculeata (Gliederfüßer), also vornehmlich Spinnen und Insekten, einschränkt.

Wir wollen hier die zur Betrachtung stehenden zwei parasitischen Insektengruppen als Schlupfwespen und Schlupffliegen bezeichnen.

II. Schlupfwespen

3. Dolch- und Hungerwespen
    Schlupfwespengruppen

Mit rund 16 000 Arten bilden die Hautflügler (Hymenoptera) in
Europa die artenreichste Insektenordnung. Ihr Name weist auf
die 4 großen häutigen und glasklaren Flügel hin, die durch
Häkchen zu einer gemeinsamen Flugfläche vereint werden können. Der Prototyp des Hautflüglers ist die Wespe, wie wir sie
vom Frühstückstisch als gelbschwarz gefärbtes schlankes Insekt
kennen, das durch eine Körpereinschnürung, die Wespentaille,
sowie durch einen Giftstachel gekennzeichnet ist. Von diesem
Typ gibt es zahlreiche Abweichungen wie die folgende Gruppen-
Übersicht zeigt.

Die Ordnung Hymenoptera teilt sich in 2 Unterordnungen.

1. Unterordnung: Blatt- und Holzwespen (Symphyta). 1000
   Arten. Larven mit Beinen, raupenähnlich (Afterraupen). Blatt-
   und Holzfresser. Vollkerfe ohne Wespentaille. Keine parasitischen Arten.

2. Unterordnung: Taillenwespen (Apocrita). 15 000 Arten.
   Larven bein- und kopflos (Maden). Lebensweise räuberisch,
   Pollen/Nektar fressend oder parasitisch. Gliederung in 2
   Sektionen.

1. Sektion: Legwespen (Terebrantia). Mit Eilegebohrer, der in
   der Regel aus dem Hinterleib ragt. Ca. 14 000 europäische
   Arten, davon 13 500 Parasiten. Die 500 nicht parasitischen
   Legwespen haben sich vor allem als Gallenbildner und
   Samenwespen spezialisiert. Die 13 500 parasitischen Arten
   (Schlupfwespen) gliedern sich in 6 Überfamilien mit 46
   Familien. Von diesen werden im folgenden nur die 19
   wichtigsten aufgezählt.

1. Über-Fam.: Leistenwespen (Trigonaloidea).

Fam. Leistenwespen (Trigonalidae). Artenarme Familie mit nur einer mitteleuropäischen Art. Legebohrer rückgebildet. Männchen mit Sinnesleisten an den Fühlern. Primär- und Sekundärparasiten bei Raupen.

2. Über-Fam.: Echte Schlupfwespen (Ichneumonoidea). 6 Familien mit ca. 5000 Arten. Parasiten bei fast allen Insekten. Grössere Arten solitär: 1 Larve pro Wirtstier. Kleinere Arten meist gregär: mehrere Larven pro Wirtstier.
Fam. Echte Schlupfwespen (Ichneumonidae). Mittlere bis große, meist farbenprächtige Arten mit vollem Flügelgeäder (Abb. 1a). Als größte Arten: Holzwespen-Ichneumoniden (Abb. 18), mit Bohrer bis 70 mm.
Fam. Brackwespen (Braconidae). 2500 kleine bis mittlere Arten mit rückgebildetem Flügelgeäder (Abb. 1b). Bis zu den Gattungen nach den Kokons bestimmbar.

Fam. Blattlausschlupfwespen (Aphidiidae). Spezialisiert auf Blattläuse. Nur eine Larve pro Blattlaus (solitär).

3. Über-Fam.: Hungerwespen (Evanoidea). 3 artenarme Familien, davon 2 parasitisch.

Fam. Hungerwespen (Evaniidae). Hinterleib stark rückgebildet, nur mehr als kleines Anhängsel der Brust (Abb. 2a). Parasiten in Eipaketen von Schaben.

Fam. Keulenwespen (Aulacidae). Mit keulenförmigem Hinterleib. Parasiten bei holzbohrenden Käfer- und Holzwespenlarven.

4. Über-Fam.: Gallwespen (Cynipoidea). 5 Familien mit sehr verschieden großen Arten. Zum geringeren Teil Gallenbildner, zum größeren Teil Parasiten.

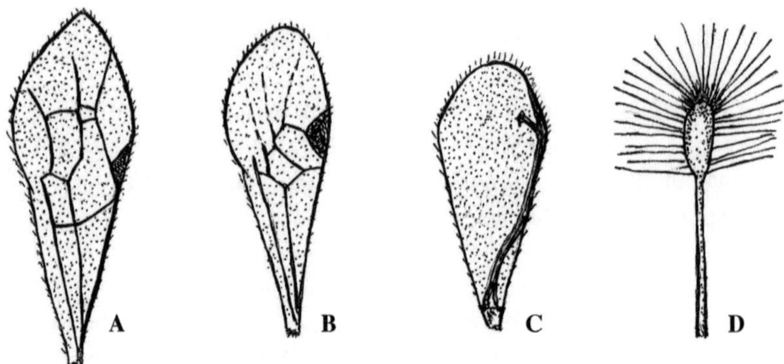

Abb. 1   Flügeltypen.
A. Ichneumonidae (8 mm);
B. Braconidae (4 mm);
C. Chalcididae (2 mm);
D. Mymaridae (0,7 mm)

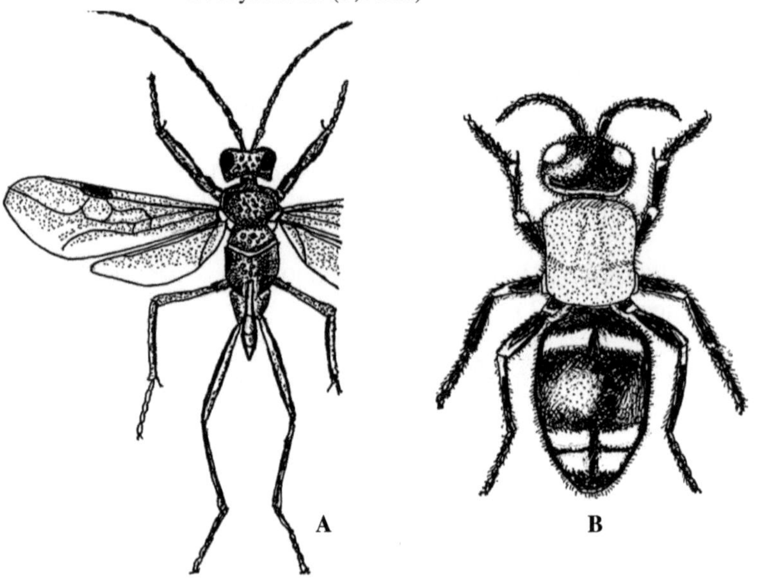

Abb. 2   Körperformen bei Schlupfwespen.
A. *Evania punctata* (Evaniidae), 8 mm, mit stark
verkleinertem Hinterleib;
B. *Mutilla europaea* (Mutillidae), 20 mm,
Weibchen flügellos, samtartig behaart

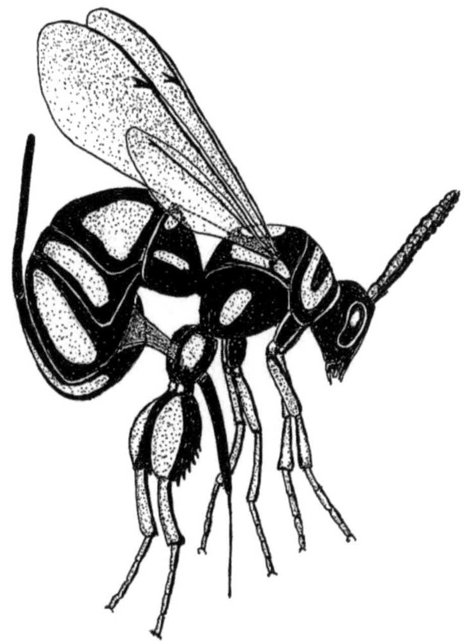

Abb. 3   *Leucospis gigas* (Chalcididae), beim Einstich in den Bau einer Mörtelbiene. Mit 15 mm grösste Chalcidide.

Fam. Echte Gallwespen (Cynipidae). Ca. 500 kleine Arten, davon 100 Gallen, vor allem an Eichen, erzeugend, 400 Arten parasitisch.

Fam. Messerschlupfwespen (Ibaliidae). Bis 18 mm groß, mit messerförmig zusammengedrücktem Hinterleib. Parasiten bei Käfer- und Holzwespenlarven.

5. Über-Fam.: Erzwespen (Chalcidoidea). Mit 22 Familien, ca. 450 Gattungen und 5000 Arten artenreichste und wichtigste Schlupfwespen-Gruppe. Mit wenigen Ausnahmen (Abb. 3) sehr klein bis klein, teils unter 1 mm. Überwiegend mit prächtig schillernden Erzfarben. Fühler gekniet. Flügelgeäder stark reduziert. (Abb. 1C). Ohne Kokonbildung.

Fam. Echte Erzwespen (Chalcididae). Robuste Arten mit verdickten Hinterschenkeln (Abb. 3). Hierher auch einige Riesenformen (Abb. 3).

Fam. Diamantenwespen (Torymidae). Grün, blau oder golden glänzend („fliegende Diamanten"). Vor allem bei Gallen bildenden Insekten.

Fam. Ameisenwespen (Euchoritidae). Die sehr beweglichen Larven (S. 27) lassen sich von Ameisen in deren Nest tragen und parasitieren dort Larven oder Puppen.

Fam. Langlebige Erzwespen (Pteromalidae). Artenreichste Familie. Vollkerfe 6 bis 8 Wochen aktiv.

Fam. Mumien-Erzwespen (Eulophidae). Die Arten der Hauptgattung *Eulophus* bilden um den toten Wirt herum einen Kranz von Mumienpuppen (FOTO b).

Fam. Trichogrammen (Trichogrammatidae). Mehrere hundert Arten Insektenei-Parasiten (Abb. 15A).

Fam. Zwergwespen (Mymaridae). Kleinste Insekten (Min. 0.17 mm) mit lang bewimperten, bandartig schmalen Flügeln (Abb. 1D). In Eiern kleiner Insekten.

6. Über-Fam.: Zehrwespen (Proctotrupoidea). 9 Familien mit 3000 Arten. Sehr klein (0,4 mm) bis groß (11 mm). Meist schwarz ohne Metallglanz. Fühler ungekniet. Flügelgeäder ähnlich dem der Chalcidoidea, reduziert. Larve oft eigentümlich gestaltet (S. 26, Abb. 6C). Heterogene, noch weitgehend unbekannte Gruppe. Parasiten nicht nur bei Insekten, auch bei anderen Gliederfüßern (Spinnentieren, Tausendfüßern).

Fam. Fliegen-Zehrwespen (Diapriidae). Überwiegend in Fliegenlarven.

Fam. Ei-Zehrwespen (Scelionidae). In Insekteneiern.

Fam. Gallmücken-Zehrwespen (Platygasteridae). Meist in Gallmückenlarven.

Fam. Echte Zehrwespen (Proctotrupidae). Überwiegend Parasiten in Käferlarven. Verpuppung ohne Kokon. Puppe halb aus dem Wirtskörper herausragend.

2. Sektion: Stachelwespen (Aculeata). Legebohrer zu Giftstachel umgewandelt. Rund 1000 Arten, davon 500 parasitisch. Die anderen 500 räuberisch (Ameisen, Faltenwespen, z.T. Grabwespen) oder Pollen/Nektar-fressend (Bienen, Hummeln). Die parasitischen Arten werden in 4 Überfamilien mit 9 Familien eingeteilt.

1. Über-Fam.: Flachkopfwespen (Bethyloidea)

Fam. Flachkopfwespen (Bethylidae). Schwarze Wespen mit abgeflachtem Kopf. Ektoparasiten bei Käferlarven und Raupen, die, durch Gift gelähmt, in ein Versteck gebracht werden. 20 Arten.

Fam. Goldwespen (Chrysididae). Mittelgroße, herrlich goldglänzende Arten. Bei Gefahr Zusammenrollen (Abb. 11). Parasiten bei einzeln lebenden (solitären) Bienen und Wespen. 100 Arten.

Fam. Zikadenwespen (Dryinidae). Zikaden-Parasiten, deren Vorderfüße zu Greifapparaten (Abb. 5, S. 25) zum Festhalten der springenden Wirtstiere ausgebildet sind. 40 Arten.

Fam. Diebswespen (Cleptidae). Name irreführend. Mit Metallglanz. Weibchen beißt ein Loch in die Wand von Blattwespen-Kokons und legt ein Ei an die Blattwespenlarve. 10 Arten.

2. Über-Fam.: Dolchwespen (Scoloidea)

Fam. Dolchwespen (Scoliidae). Maximal 50 mm große Wespen mit Eiablage an Engerlingen. Larve frisst sich in Wirtslarve ein. 15 Arten.

Fam. Spinnenameisen (Mutillidae). Zeigen in ihren Bewegungen Anklänge an Spinnen und Ameisen. Große Arten mit bunter pelzartiger Behaarung (Abb. 2B). Können empfindlich stechen. Parasiten bei Falten-, Weg- und Grabwespen. 25 Arten.

Fam. Rollwespen (Tiphiidae). Flachgebaute, metallisch glänzende Wespen mit Einroll-Vermögen. Parasiten bei Käferlarven im Boden. 20 Arten.

3. Über-Fam.: Wegwespen (Pompiloidea)

Fam: Wegwespen (Pompilidae). Auf Spinnen spezialisierte Parasiten. Gelähmtes Wirtstier (stets nur eine einzige Spinne) wird in ein Versteck gebracht und ein Ei darin abgelegt, 120 Arten.

4. Über-Fam.: Grabwespen (Sphecoidea)

Fam: Grabwespen (Specidae). Mittlere bis große, überwiegend gelbrot oder gelbschwarz gefärbte Wespen, die gelähmte Insekten zum Erdnest tragen (Abb. 10). Von den ca. 300 europäischen Arten begnügt sich etwa die Hälfte mit nur einem Wirtstier und lebt daher parasitisch. Die andere Hälfte versorgt ihre Larve mehrmals mit Wirtstieren und zählt daher zu den Räubern. 150 Arten.

4. Ein 37 Meter langer Rabe?
Körperbau und Größe der Vollkerfe

Während die Schlupffliegen, wie wir sehen werden (S. 96) als erwachsene Insekten (Vollkerfe) einen recht einheitlichen Typus repräsentieren, nämlich jenen der Stubenfliege, finden wir bei den Schlupfwespen eine große Formenmannigfaltigkeit, wenn auch die meisten Arten, wie bereits erwähnt, dem Typus der „Wespe" entsprechen.

Zunächst fällt bei den Schlupfwespen auf, dass in vielen Fällen die Flügel teilweise oder vollständig rückgebildet sind. Solche flügellosen Wespen sehen dann den Ameisen sehr ähnlich (Abb 16B). Doch ist bei den Schlupfwespen der Taillenstiel stets rund und glatt, bei den Ameisen dagegen mit knotigen Verdickungen oder auffälligen Anhängseln versehen. Die Gestaltsanpassung von Schlupfwespen an Ameisen ist unter dem Blickwinkel der Mimikry (Nachahmung wehrhafter Tiere durch nicht wehrhafte) zu verstehen. Die uberwiegend mit einem Giftstachel ausgerüsteten Ameisen werden von vielen insektenfressenden Tieren gemieden. Das machen sich neben zahlreichen anderen Insekten auch die flügellosen Schlupfwespen zunutze.

Die Vielfalt der von Schlupfwespen eroberten ökologischen Nischen führte zu einer Vielfalt von Körperbau-Anpassungen an die spezifische Umwelt. In einigen Fällen betrifft das die ganze Körpergestalt wie z.B. bei der Klopfkäfer-Schlupfwespe *Scleroderma domesticum* (Ichneumonidae), deren Weibchen einen walzenförmigen Körper mit dicker Oberfläche und fehlenden Flügeln aufweist (Abb. 4A). Diese Eigenschaften ermöglichen es der Wespe, in den Bohrgängen in Möbeln und anderem Holz auf der Suche nach den dort fressenden Klopfkäfer-Larven herumzukriechen. Das Männchen dagegen, das an der Wirtssuche nicht beteiligt ist, hat seine Flügel und wespenförmige Gestalt behalten (Abb. 4B).

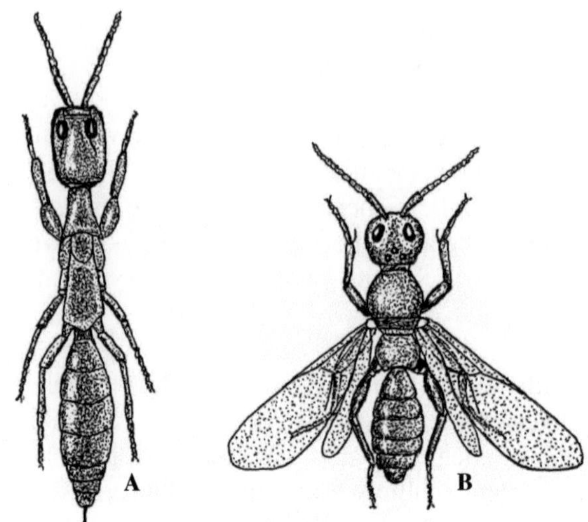

Abb. 4   *Scleroderma domesticum* (Bethylidae), Pochkäfer-
Schlupfwespe.
A. Weibchen, 4 mm;
B. Männchen, 3 mm

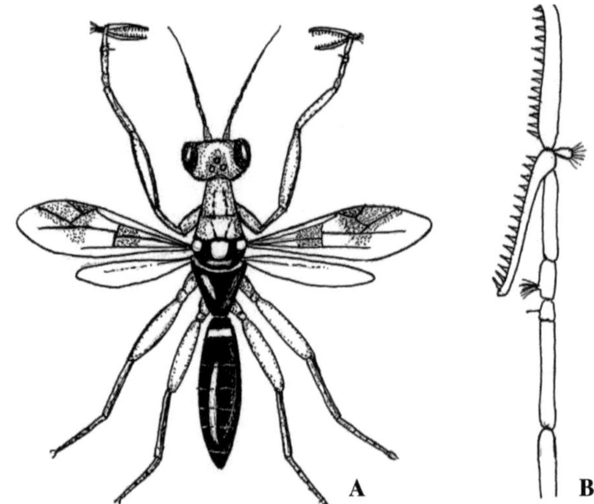

Abb. 5   *Dryinus formicarius* (Dryinidae, Zikaden-Schlupfwespen).
A. Weibchen, 8 mm;
B. Fangapparat an den Vorderfüssen

Viel häufiger als die ganze Gestalt sind bestimmte Körperteile an die speziellen Umweltbedingungen angepasst. Als Beispiele seien genannt: Umbildung der vorderen Fußglieder zu Zangen bei den Zikaden-Schlupfwespen (Dryinidae) zum Festhalten der springenden Wirtstiere bei der Eiablage (Abb. 5), – Zangen am Hinterleibende, ebenfalls zum Festhalten der Wirtstiere (Blattläuse), bei den *Trioxys*-Arten (Aphelinidae) (Abb. 17), – ein Rückendorn bei den Mesochorinae (Ichneumonidae), den diese z.T. bei Fliegen hyperparasitierenden Wespen benötigen, um zum Schlüpfen das harte Puppentönnchen der Fliege zu durchbrechen, – mehrere starke Dornen an den Beinen bei den Dolchwespen (Scoliidae), die das Fortkommen in den Erdgängen von Käferlarven erleichtern, – verdickte Hinterschenkel bei vielen Erzwespen (Chalcididae), die im Dienste des Springens stehen (Abb. 3), – abnorm lange Legröhren (bis 40 mm) bei den Riesenschlupfwespen (Ichneumonidae) zum Durchbohren von Holz bei der Wirtssuche (Abb. 18) und anderes. Während bei den soeben genannten Körpermerkmalen Beziehungen zur Umwelt erkennbar sind, lassen andere Merkmale solche Beziehungen bislang nicht erkennen. Hierzu nur als Beispiele der messerscharf zusammengedrückte Hinterleib von *Ibalia leucospoides* (Cynipidae) und der extrem kleine Hinterleib bei den Hungerwespen (Evaniidae) (Abb. 2A).

Was die Körpergröße der Schlupfwespen betrifft, so gibt es wahrscheinlich im ganzen Tierreich keine andere vergleichbare Verwandtschaftsgruppe mit einem derartigen Größenunterschied zwischen dem kleinsten und dem größten Vertreter. Die kleinste Schlupfwespe (und zugleich das kleinste Insekt) ist die Zwergwespe *Malaptus magnanimus* (Mymaridae) mit 0,17 mm, die größte Art ist die Riesenschlupfwespe *Ephialtes persuasorius* (Ichneumonidae) mit 70 mm (s.o.) Somit beträgt das Verhältnis zwischen kleinstem und größtem Vertreter 1 : 412. Wendet man dieses Verhältnis z.B. bei den Singvögeln an, die eine den Schlupfwespen vergleichbare Verwandtschaftsgruppe (Unterordnung) bilden, so müsste der Kolkrabe als größter Singvogel (trotz seines Krächzens gehört er zu den Singvögeln) 37 Meter lang sein, wenn er den kleinsten Singvogel, das Goldhähnchen (9 cm) um das 412-fache übertreffen wollte.

5.   Gespensterlarven
     Körperbau von Larven und Puppen

So vielfältig die Formen bei den Vollkerfen der Schlupfwespen sind, so einförmig stellen sich ihre Larven dar. Sie sind Maden, also weiße, weichhäutige Larven ohne Kopfkapsel und Beine (Abb. 6A). In vielen Fällen sind ihre Mundgliedmaßen je nach Entwicklungsstadium verschieden gestaltet und zwar als Anpassung an die unterschiedliche Nahrung, die sie vom Wirtstier beziehen. Das zeigt sich besonders deutlich bei den Larven der Blattlauszehrwespen (Aphidiidae), wo die beiden ersten Larvenstadien zunächst die Zellmembranen ihrer Wirte, der Blattläuse, anstechen und den Inhalt aussaugen, wozu sie spitze Kieferzangen (Mandibeln) benötigen. Vom nächsten Larvenstadium ab begnügen sie sich mit der freien Körperflüssigkeit des Wirtstieres und haben demgemäß ihre Mandibeln zurückgebildet. Das vierte und letzte Larvenstadium aber macht sich über die festen Wirtsorgane her und braucht für deren Zergliederung wiederum scharfe Mandibelzangen.

In relativ wenigen Fällen weichen die Schlupfwespenlarven von ihrem Normaltypus ab, so bei einigen Erzwespengruppen wie der Gattung *Schizaspidia* (Chalcidoidea). Hier haben die als Planidium-Larven (Abb. 6B) bezeichneten Junglarven durch Borsten und Wülste eine Beweglichkeit erlangt, mit deren Hilfe sie nach dem Schlüpfen aus an Blättern abgelegten Eiern, auf der Blattoberfläche herumkriechen und sich sogar aufrecht hinstellen können. Sie tun das in Erwartung vorüberkommender Ameisen, an die sie sich blitzschnell anheften und in das Ameisennest tragen lassen, wo sie in den Ameisenlarven parasitieren (S. 53).

Während bei ihnen die abweichende Körperform von der Funktion

Abb. 6   Larventypen bei Schlupfwespen.
A. Normaltyp. Ältere Larve von *Ephialtes* spec.
(Ichneumondidae) 10 mm;
B. Junglarve (Planidiumlarve) von *Schizaspidia* spec.
(Eucharitidae), auf Blatt stehend, 1.5 mm;
C. Junglarve (Gespensterlarve) von *Scelio* spec.
(Scelionidae), 2 mm.

her verständlich ist, steht man den grotesken Abwandlungen der Gestalt bei einem Teil der Eucoscelidae- (Cynopoidea)- und Scelionidae (Proctotrupoidea)-Junglarven nur staunend und ohne Erklärungsmöglichkeit gegenüber. Mit Recht hat man ihnen den Namen „Gespensterlarven" gegeben (Abb. 6C).

Das bei allen höheren Insekten zwischen die Larve und den Vollkerf geschaltete Puppenstadium ist bei den weitaus meisten Schlupfwespen eine „Freie Puppe" (pupa libera), so genannt, weil bei ihr die Körperanhänge (Fühler, Mundgliedmaßen, Flügel-anlagen, Beine) frei vom Körper abstehen (Abb. 13). Dies, in Verbindung mit ihrer Dünnhäutigkeit macht sie empfindlich gegen Witterungs- und andere Einflüsse. Sie liegen daher in der Regel entweder im Körper ihres Wirtes oder in einem vom Wirt oder von ihnen selbst gesponnenen schützenden Kokon.

Seltener gehören die Schlupfwespen-Puppen dem Typ der „Mumienpuppe" (pupa obtecta) an wie er für die Schmetterlinge charakteristisch ist. Diese Puppenform heißt so, weil bei ihr alle Körperanhänge angeklebt und von einer schützenden Haut mumienhaft überzogen sind. Derartige Puppen finden sich z.B. bei der Gattung *Encyrtus* (Encyrtidae) und bilden auf der Unterseite von Blättern um die tote Wirtsraupe herum einen Kranz von Mumienpuppen (FOTO b).

6.   Grüne Amerikaner
     Färbung

Wie bei allen Tieren, insbesondere den Insekten, gibt es auch bei den Schlupfwespen zwei Arten von Farben: die chemischen oder Pigment-Farben und die physikalischen oder Struktur- (Schiller-) Farben. Die ersteren sind als Farb- (Pigment-)körner im Hautpanzer der Wespen eingelagert. Wir finden sie hauptsächlich bei den größeren Arten an den Fühlern, der Brust, den Beinen und am Hinterleib. Aber auch die schwarze Grundfarbe, die vielen Schlupfwespen als einzige Farbe eigen ist, gehört hierher. Demgegenüber werden die physikalischen oder Struktur-Farben durch Lichtbrechung, – biegung oder –streuung an dünnen Lamellen, nach dem Prinzip der Seifenblasenfarben, an kleinsten Strukturen des Hautpanzers hervorgerufen und sind durch ihr Schillern gekennzeichnet. Wir finden diese golden, blau, rot, kupfern und grün schillernden Farben vor allem bei den tausenden kleiner und kleinster Arten der Überfamilie Erzwespen (Chalcidoidea), die danach ihren Namen erhielten. Erst ein Blick durch das Binokular lässt uns bei diesen kleinen Wespen die ganze Wunderwelt der Strukturfarben erkennen. Auch bei einigen anderen Gruppen, z.B. den etwas größeren Goldwespen (Chrysididae), ist diese Färbungsart verbreitet.
Im Tierreich – und so auch bei Schlupfwespen – sind Farbunterschiede zwischen den beiden Geschlechtern weit verbreitet. Sie sind nicht selten so stark ausgeprägt, dass man beide Formen,

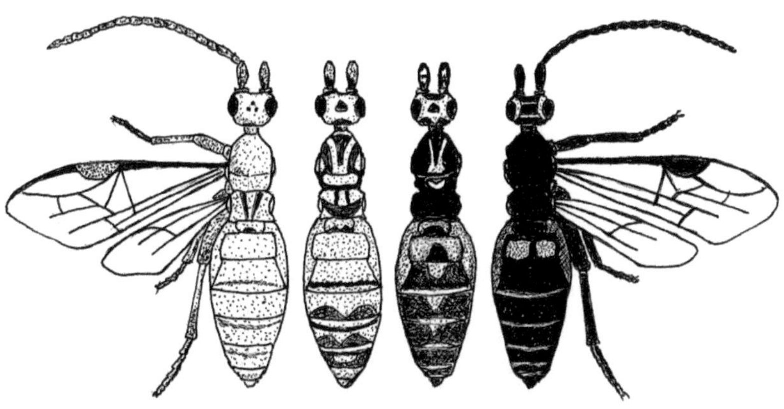

Abb. 7   *Habrobracon juglandis* (Braconidae). Färbung in
Abhängigkeit von der Entwicklungstemperatur.
Von links nach rechts: 35°, 30°, 20°, 15° C., 3.5 mm.

ehe man ihren Zusammenhang kannte, als zwei verschiedene Arten
beschrieb. Während aber z.B. bei den Vögeln in der Regel die
Männchen farblich hervorstechen und die Weibchen nur ein
unscheinbares Schlichtkleid tragen, ist bei den Schlupfwespen
diese Regel nicht erkennbar. Über die Rolle der Farben bei den
Beziehungen der Geschlechter weiß man bei Schlupfwespen noch
kaum etwas. Hier fehlen noch eingehende Studien.

Angesichts der vielfältigen Beziehungen zwischen Wirt und Parasit
ist es nicht verwunderlich, dass auch der Wirt die Färbung des
Parasiten beeinflusst. Es liegt bereits eine Reihe von Beispielen
vor, dass eine Schlupfwespenart in mehreren Farbvarianten auftritt,
die ihren Ursprung in verschiedenen Wirtsarten haben. Dabei sind
nicht nur die Wespen selbst unterschiedlich gefärbt sondern manchmal bereits ihre Kokons, aus denen sie schlüpfen. So fand man
beim Gelbling, *Colias philodice*, einem mit dem Zitronenfalter verwandten Schmetterling, eigenartigerweise aus demselben Eigelege
gelbgrüne und blaugrüne Raupen und konnte nachweisen, dass die
Braconide *Apanteles flaviconchae*, wenn sie sich in blaugrünen
Raupen entwickelte, weiße Kokons und wenn sie sich in gelbgrü-

nen Raupen entwickelte, goldglänzende Kokons bildete.

Die zuerst von den Schmetterlings-Züchtern entdeckte Abhängigkeit der Falterfärbung von der Temperatur während der Larvenentwicklung gilt auch für einen Teil der Schlupfwespen, bei denen die Bildung des schwarzbraunen Farbstoffes Melanin stark temperaturabhängig ist. Die Abb. 7 zeigt dies am Beispiel der Braconide *Habrobracon juglandis*.

Sehr eigenartig und bisher ungeklärt ist die Abhängigkeit der Färbung bei Goldwespen (Chrysididae) von ihrer geografischen Herkunft. Die europäischen Goldwespenarten schillern rotgolden, die afrikanischen blaugrün, die amerikanischen rein grün, die australischen dunkelviolett und die asiatischen grün mit goldenen Flecken.

7.   Schwimmwespen
      Fortbewegung

Nicht weniger als sechs Formen der Fortbewegung sind bei den erwachsenen Schlupfwespen bekannt: Fliegen, Flughüpfen, Springen, Laufen auf dem Land, Laufen auf der Wasseroberfläche und Schwimmen.

Das Fliegen ist eine Errungenschaft, die außer den Wirbeltieren (Vögel und Fledermäuse) nur die Insekten erworben haben. Im Gegensatz zu den Wirbeltier-Flügeln sind jedoch die Insekten-Flügel keine umgewandelten Vordergliedmaßen, sondern Hautausstülpungen, die von Flügeladern gestützt und ernährt werden. Auch ist der Flug der Insekten von jenem der Wirbeltiere dadurch unterschieden, dass die Flügel bei ersteren nicht direkt durch Flugmuskeln bewegt werden, sondern indirekt durch Verengung und Erweiterung des Brustkorbs, mit dem die Flügel starr verbunden sind. Die Schlupfwespen besitzen wie alle Hautflügler zwei Flügelpaare, deren vorderes Paar größer als das hintere ist. Beide

Paare sind durch Häkchen verbunden, so dass alle vier Flügel synchron schlagen.

Ein Fliegen über größere Entfernungen gibt es nur bei den größeren Schlupfwespen mit entsprechend großem Lebensraum. Bei den kleineren und kleinsten Arten, deren Lebensraum sich meist auf eine Baumkrone, ein Gebüsch oder eine Pflanzengruppe beschränkt, genügt eine Art Flughüpfen auf kurzen Distanzen. Ein echtes Springen ist bei mehreren Artengruppen der Erzwespen (Chalcidoidea) zu beobachten. Hier weisen schon stark verdickte Schenkel (Abb. 3) auf diese Fortbewegungsart hin.

Das Laufen auf dem Erdboden oder auf Pflanzen wird von allen Schlupfwespen zum Zweck der Wirtssuche, Werbung, Kopulation u.a. praktiziert. Erwähnt wurden schon die flügellosen Formen, deren Lebensraum vor allem der Waldboden ist. Insgesamt betrachtet, machen die Laufbewegungen der parasitischen Wespen den Eindruck eines nervösen Hin- und Herlaufens mit ruckenden Bewegungen und rascher Richtungsänderung. Bezüglich der Laufgeschwindigkeit fand man bei den eiparasitischen Trichogrammen eine Abhängigkeit von der Wirtsart: je nach Herkunft liefen die Angehörigen ein und derselben Wespenart schneller oder langsamer.

Die bisher einzigen Beispiele des Laufens von Schlupfwespen auf der Wasseroberfläche wurden bei einigen *Chalcis*-Arten (Chalcididae) festgestellt. Ihre Weibchen laufen auf der Oberfläche von ruhenden Gewässern und spüren dabei die kleinen Vertiefungen auf, die von dem Atemborstenkranz von Waffenfliegenlarven (Stratyomyiidae) erzeugt werden. Durch diesen Kranz hindurch legen sie ihr Ei in die mit dem Hinterende an der Oberfläche hängende Fliegenlarve.
Vor ihrer Entdeckung hätte man nicht für möglich gehalten, dass Schlupfwespen mit ihren normalerweise gegen Wasser sehr empfindlichen Flügeln ins Wasser gehen und dort, mit den Beinen oder Flügeln rudernd, schwimmen. Ohne Schwimmen gelangt die

Ichneumonide *Agriotypus armatus* zu ihren Wirten, den Köcherfliegenlarven, indem sie an Wasserpflanzen in die Tiefe steigt (Abb. 21). Dagegen schwimmen mehrere Erzwespenarten unter Wasser und kopulieren auch dort, so die Zwergwespe *Polynema natans*. Sie sucht, mit den Flügeln rudernd, die Eier von Wasserinsekten auf. Mit den Beinen rudert die in Gelbrandkäfer-Eiern parasitierende *Prestwichia aquatica* (Trichogrammatidae), wobei sie sich bis zu 5 Tagen unter Wasser aufhält.

Die madenförmigen beinlosen Schlupfwespenlarven bewegen sich normalerweise kriechend durch Zusammenziehen und Strecken ihrer Längsmuskeln, wobei ihre Körperlänge entsprechend wechselt. In wenigen Fällen ist eine springende Fortbewegung von Larven bekannt. Wie auf S. 27 erwähnt, springen die jungen (Planidium-) Larven der Gattung *Schizaspida* (Eucharitidae) (Abb. 6B) nach dem Schlüpfen aus Eiern, die auf Blättern abgelegt wurden, mit Hilfe von Borsten vorüberlaufende Ameisen an und lassen sich von ihnen zum Ameisennest tragen.

Ob den grotesken „Gespensterlarven" der Eucoilidae und Scelionidae (Abb. 6C) im Zusammenhang mit ihrer Körperform eine besondere Fortbewegung zukommt, ist noch unbekannt.

8. Nützliche Blattläuse
    Nahrung der Vollkerfe

Die Erfüllung der wichtigsten Aufgaben der Vollkerfe: Wirtsfindung und Eiablage bei den Weibchen sowie Partnersuche und Kopulation bei den Männchen, erfordert viel Energie. Den Kraftstoff zur Gewinnung dieser Energie beziehen die Wespen beiderlei Geschlechts aus zuckerhaltigen Substanzen, die zum geringeren Teil aus Blüten, zum größten Teil aus Blatt- und Schildlaus-Ausscheidungen, dem „Blattlauszucker" gewonnen werden. Dieser Zuckersaft entsteht dadurch, dass die Blatt- und Schildläuse mit dem Pflanzensaft weit mehr Zucker (Transportzucker) aufnehmen als sie für ihre Ernährung benötigen und daher den größten Teil des Zuckers ungenutzt wieder aus dem Darm ausscheiden (FOTO a).

Da die Pflanzenläuse in der Regel an der Unterseite der Blätter sitzen, fallen ihre süßen Darmausscheidungen auf die Oberseite der darunter liegenden Blätter, die dann bei stärkerem Lausbefall von unzähligen glitzernden – weil kristallisierten – Zuckertröpfchen besetzt sind. Diese im Volksmund als „Honigtau" bezeichneten

FOTO a) Blattlaus- „Honigtau"

Blatt- und Schildlaus-Ausscheidungen bilden eine grundlegend wichtige Nahrungsquelle für sehr viele Insekten, vor allem auch für die Schlupfwespen sowie auch für Bienen.

Bei der wirtschaftlichen Bewertung der Blattläuse gerät der Mensch mit seiner egozentrischen Einteilung der Tiere in Nützlinge und Schädlinge ins Schleudern. Denn die Blatt- und Schildläuse sind direkt für Pflanzen schädlich, indirekt jedoch als Nahrungsquelle für die Schlupfwespen, Bienen und andere Tiere nützlich.

Außer den Energie liefernden Zuckersäften brauchen die weiblichen Vollkerfe der meisten Schlupfwespen noch eine zweite Form der Nahrung, mit der sie ihre unreifen Eier zur Reife bringen können. Wie alle Parasiten, legen auch sie wegen der Risiken ihrer Lebensweise eine große Zahl an Eiern ab, die jedoch in den meisten Fällen zum Zeitpunkt des Schlüpfens der Wespen erst zu einem Teil ablegereif vorliegen. Der noch unentwickelte Teil der Eier braucht eine Zusatznahrung und zwar eine eiweißreiche, Zuckersäfte genügen hierfür nicht. Woher aber das Eiweiß nehmen? Die Schlupfwespen-Weibchen haben das Problem in

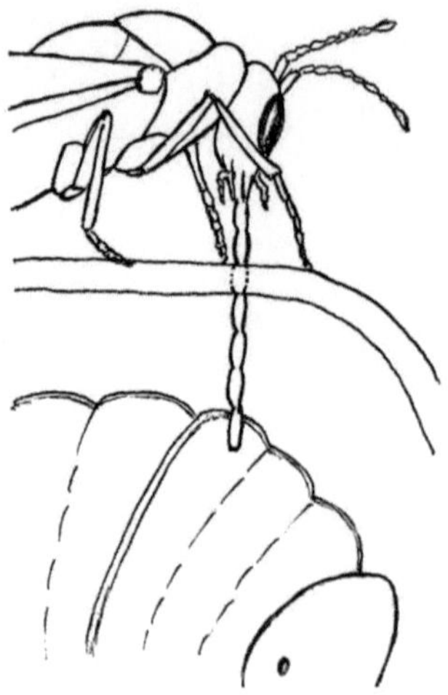

Abb. 8 *Habrocytus cerealellae* (Chalcidoidea), Körperlänge 4 mm. Aufsaugen von Körperflüsigkeit einer Raupe durch eine Höhlungswand hindurch mittels eines für diesen Zweck gefertigten Rohres

verblüffender Weise gelöst: sie stechen andere Insekten an und lecken den aus der Stichwunde austretenden eiweißreichen Körpersaft. Dieses Anzapfen kann in Zusammenhang mit der Eiablage, aber auch unabhängig davon, geschehen.

Eine besondere Form der Gewinnung von Insekten-Körpersaft wurde bei einer Reihe von Schlupfwespenarten beobachtet, die ihr

Ei durch eine Kokonwand hindurch in den Wirt legen. Die Wirtslarve oder –puppe liegt zumeist der Kokonwand nicht an, sondern lässt zwischen sich und der Wand einen Hohlraum frei. Wie soll die Wespe diese Entfernung bei der Gewinnung des Wirtskörpersaftes überbrücken? Sie scheidet um ihren Stachel bzw. Bohrer herum ein Sekret aus, das rasch zu einer Röhre erstarrt. Durch diese hindurch saugt sie mit dem Mund die aus der Stichwunde in die Röhre tretende Körperflüssigkeit hoch und leckt sie auf (Abb. 8).

9. Riechtasten
    Sinne

Zur Bewältigung ihrer vielfältigen und schwierigen Lebensaufgaben, insbesondere des Auffindens der Wirte und der Auseinandersetzung mit ihnen, steht den parasitischen Wespen eine Reihe von Sinnen und Sinnesorganen zur Verfügung. Nachgewiesen sind: Gesichts-, Geruchs-, Tast-, Tastgeruchs-, Geschmacks-, Gehör-, Temperatur-, Luftströmungs-, Erschütterungs-, Luftfeuchtigkeits- und Lage- (Gleichgewichts-, Schwere-) Sinn.

Angesichts der großen Komplexaugen der Schlupfwespen könnte man auf ein besonders gutes Sehvermögen schließen. Der Schein trügt aber. Die Augen liefern wie bei allen Insekten nur relativ unscharfe Mosaikbilder, bestehend aus einigen hundert bis einigen tausend (zum Vergleich: Fernsehröhre 500 000) Rasterpunkten. Dafür registrieren sie aber geringste und schnellste Bewegungen. Für die Schlupfwespen kommt es weniger auf scharfe Bilder als auf die Wahrnehmung von Bewegungen an. Die Geschmackszellen befinden sich natürlich in der Mundgegend, und die übrigen genannten Sinne sind über den Körper verstreut. In ungewöhnlich starker Häufung sind sie in den beiden Fühlern enthalten.

Wir wollen hier einen Sinn in den Vordergrund stellen, den es bei Wirbeltieren und dem Menschen nicht gibt, der aber bei

Schlupfwespen eine besonders große Rolle spielt: den Tastgeruchssinn. Dieser Doppelsinn ist an drei Körperstellen lokalisiert: in den Fühlern, an den Füßen und am Legebohrerende. Seine Fähigkeit, gleichzeitig zu tasten und zu riechen, kommt gerade den oft sehr kurzen Kontakten zwischen Wirt und Parasit zugute. Wie er im Bereich der Füße funktioniert, zeigt folgendes Experiment.

Es wurde dem Eiparasiten *Trichogramma evanescens* (Chalcidoidea) das auf einigen Kiefernnadeln verteilte Eigelege des Kiefernspanners *Bupalus piniarius* zur Eiablage gegeben (Abb. 15A). Die winzigen Wespen-Weibchen liefen über die Schmetterlingseier und stellten mittels der Tastkomponente ihres Tastgeruchssinnes – anhand von Größe, Form und Oberflächenskulptur – fest, dass es sich um *Bupalus*-Eier und somit um geeignete Wirte handelte. Die nunmehr in Aktion tretende Geruchskomponente des Doppelsinnes erkannte jedoch sofort an den Eiern haftende Fußspurdüfte anderer Eiparasiten, die ihnen zuvorgekommen waren. Die Wespen verließen daraufhin die *Bupalus*-Eier ohne diese mit ihren Eiern belegt zu haben. Nachdem man jedoch die Eier abgewaschen und somit von fremden Fußspurdüften befreit hatte, nahmen die *Trichogramma*-Weibchen sofort die *Bupalus*-Eier an und belegten sie mit ihren Eiern.

In der Legebohrer-Spitze erfüllt der Tastgeruchssinn eine andere wichtige Aufgabe: Das Hinlenken des in den Wirtskörper versenkten Eies zu jenem Wirtsorgan, das der jungen Parasitenlarve zur Ernährung dient. Denn die Reihenfolge der von der heranwachsenden Wespenlarve gefressenen Organe ist genau festgelegt (S. 74).

Dass es bei Schlupfwespen aber auch einen leistungsfähigen Geruchssinn unabhängig vom Tastsinn gibt, geht schon daraus hervor, dass die männlichen Wespen den weiblichen auf feinsten Spuren von arteigenen Sexualdüften (Pheromonen) folgen (S. 49), die wahrzunehmen unsere menschliche Nase vieltausendmal zu grob wäre. Ein Beispiel für die „gute Nase“ von Schlupfwespenweibchen wurde jüngst in einer Doktorarbeit der Universität Kiel gegeben. Hier fand man, dass Weibchen der Erzwespe *Aphelinus abdominalis*, die in Gewächshäusern zur biologischen Bekämpfung von Blattläusen eingesetzt worden waren (S. 150), die mit Blattläusen besetzten Pflanzen schon aus relativ großer Entfernung von blattlausfreien Pflanzen am Geruch unterscheiden konnten. Die Duftanalyse ergab, dass das Düftespektrum zwischen blattlausbesetzten und -freien Pflanzen verschieden ist. Der soeben bei den Männchen und Weibchen betrachtete „reine" Geruchssinn ist in den Fühlern lokalisiert.

Als weiterer Sinn sei der bei Schlupfwespen wohl seltenste, der Hörsinn, erwähnt. Er ist nur von der kleinen Gruppe der Spinnenameisen (Mutillidae, S. 22) bekannt, die in beiden Geschlechtern Schrilltöne zur Anlockung des Partners erzeugen. Das Schrillorgan fand man auf dem Rücken des 4. Hinterleibsringes, dessen Basis eine waschbrettartige Oberfläche besitzt und unter dem Überhang des 3. Hinterleibsringes liegt. Beide Ringe erzeugen durch Aufeinanderreiben einen leisen Schrillton. Das dazugehörige Empfangsorgan wurde noch nicht gefunden.

10. FABREs Experiment
     Instinkte, Verhalten

Die soeben betrachteten Sinneszellen und -organe werden von den aus der Umwelt kommenden Reizen erregt und geben die Erregungen an das Nervensystem ab, das sie auf den Nervenbahnen zu den Reaktions- (= Handlungs-)organen leitet. Dort werden sie beantwortet. Wenn diese Reizbeantwortungen (Handlungen) rein erblich bedingt, starr und vom Willen (von der Vernunft) unbeeinflusst sind, heißen sie Instinkte. Solche spielen bis zum Menschen hinauf eine Rolle, doch werden sie bei den höheren Wirbeltieren und beim Menschen weitgehend von Vernunftshandlungen in den Hintergrund gedrängt. Das Verhalten, als Gesamtheit aller Reizbeantwortungen (Handlungen), besteht bei den Insekten und somit auch bei den Schlupfwespen und -fliegen vollständig aus Instinkten, die entweder aus Einzelreaktionen auf irgendwelche Reize oder aus Reaktionsketten als Folge entsprechender Reizketten bestehen. Das Besondere an den Instinkthandlungen im Tierreich ist, dass sie uns oft als Vernunftshandlungen erscheinen. Das gilt z.B. für den Werkzeuggebrauch. Bei den Schlupfwespen ist er von *Ammophila*-Arten (Grabwespen, Sphecidae) bekannt, die zum Feststampfen der Erde am Eingang ihres Erdnestes einen Stein verwenden, den sie mit den Kieferzangen handhaben (Abb. 9). Dass bei Tieren vernünftig erscheinende komplexe Handlungen (Reaktionsketten) nicht durch Vernunft gesteuert sind, erkennt man vor allem daran, dass sie ins Unsinnige umschlagen, wenn eine Störung in der Reizkette auftritt.

Ein Beispiel hierzu beschrieb als erster der französische Insektenforscher J. H. FABRE in der Mitte des 19. Jahrhunderts. Er beobachtete wie eine Grabwespe (Sphecidae) (von denen jene Arten, deren Larven für ihre Entwicklung nur ein einziges Wirtstier benötigen, zu den Schlupfwespen gehören, Abb. 10) eine gelähmte Kiefernspannerraupe zum Eingang ihrer Erdröhre schleppte. Dort angekommen, legte sie die Raupe wenige Zentimeter vom Eingangsloch ab und verschwand in der Röhre, offensichtlich, um dort zu kontrollieren, ob alles in Ordnung ist. Während der kurzen Zeit ihres Verschwindens ergriff FABRE die Raupe und legte sie etwa einen halben Meter vom Eingang entfernt ab. Das aus der Erdröhre zurückkommende Wespenweibchen suchte, aufgeregt laufend, nach seiner Raupe, fand sie und schleppte sie wieder zum Nesteingang, um sie dort wenige Zentimeter entfernt abzulegen. Danach verschwand es wieder in der Röhre, und FABRE entfernte die Raupe abermals. Dieses „Spiel" ließ sich beliebig lange fortsetzen. Die Wespe war durch den Eingriff FABREs in ihrer Reizkette steckengeblieben. Die Kette verlangte an dieser Stelle das Hineinziehen der dicht am Eingang der Erdröhre liegenden Raupe, und wenn diese Bedingung nicht erfüllt war, musste die Wespe dafür sorgen, dass sie erfüllt wurde. Erst dann ging der Handlungsfluss weiter. Die Wespe erkannte natürlich die Zusammen-

Abb. 9   *Ammophila urnaria* (Sphecidae, Grabwespen), 20 mm. Werkzeuggebrauch

hänge nicht. Sie handelte instinktiv, das heißt erblich festgelegt, starr und unbewusst.

Ein im Prinzip gleiches Verhalten wurde bei Goldwespen (Chrysididae) festgestellt. Die Weibchen dieser wunderbar goldglänzenden Wespen dringen in die Nester von einzeln (solitär) lebenden Bienen, Falten- und Grabwespen ein, um dort ihr Ei an deren Larve abzulegen. Werden sie dabei von der Nestinhaberin überrascht, greift diese sie wütend an und befördert sie aus ihrem Nest. Vor der Tötung oder einer ernsthaften Verletzung bleiben die Goldwespen dabei bewahrt, weil sie sich einrollen und keine Blössen bieten (Abb. 11). Die nach außen beförderte Goldwespe sucht nun jedoch nicht etwa das Weite, sondern wartet in Nestnähe, bis die Nestinhaberin weggeflogen ist. Dann dringt sie erneut in das Nest ein, um in ihrer Eiablage fortzufahren. Auch hier muss also die Reizkette lückenlos durchlaufen werden. Eine vorübergehende Störung durch den erbosten Wirt kann die Kettenhandlung der Goldwespe verzögern, aber nicht abbrechen.

Bei dem von FABRE beobachteten Teil der Grabwespen-Hand-

Abb.10   Grabwespe *Ammophila* spec. (Sphecidae), 17 mm, mit gelähmter Raupe („lebende Konserve")

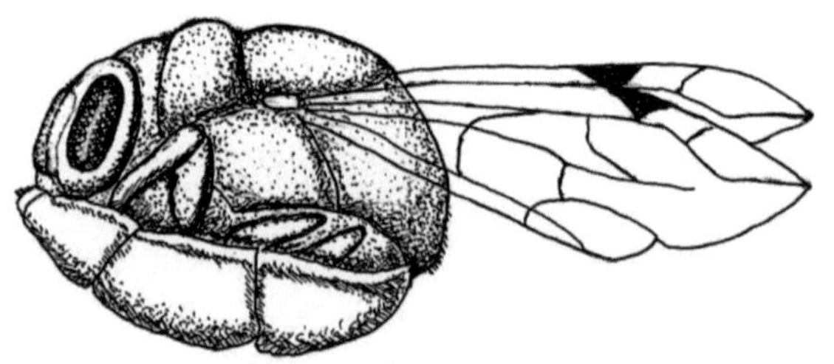

Abb.11   Goldwespe (Chrysididae), 8 mm, eingerollt

lungskette handelte es sich ebenso wie beim Beispiel mit der Goldwespe um reine Instinkte. Hätte FABRE auch den Anfang der Handlungskette beobachtet, würde er bemerkt haben, dass hierbei auch Erfahrungen mit berücksichtigt wurden, also ein gemischter Instinkt vorlag. Die Wespe fliegt nämlich nicht unmittelbar nach der Fertigstellung ihrer Erdröhre los, um eine Wirtsraupe zu suchen, sondern unternimmt zuerst eine Reihe von ständig erweiterten Orientierungsflügen, um das Terrain kennenzulernen. Dabei prägt sie sich bestimmte Landmarken wie Steine, Kiefernzapfen,

Pflanzen u.a. ein, an Hand derer sie zum Nest zurückfindet. Von der Honigbiene und von Ameisen, also nahen Verwandten der Schlupfwespen, ist bekannt, dass diese bei ihren Orientierungsflügen bzw. bei der Ameise Wanderungen, auch den Gebrauch des Sonnenstandes als Richtungsweiser erlernen. Wieweit eine solche Sonnenkompassorientierung auch für Schlupfwespen gilt, müssen weitere Forschungen zeigen.

Die von Schlupfwespen und anderen Insekten erworbenen Erfahrungen prägen sich dem Gehirn ein (Gedächtnis) und werden bei Bedarf abgerufen. Das bedeutet jedoch noch keine Vernunftshandlung. Die Erfahrung gehört mit zum Instinkt und fügt sich unbewusst in die Instinktkette ein. Man spricht dann aber von einem gemischten Instinkt.

Übrigens sind die soeben genannten Orientierungsflüge sowie die eventuelle Sonnenkompassorientierung zur Heimfindung nur bei einem relativ kleinen Teil der Schlupfwespen zu erwarten, jenem nämlich, wo es ein Nest gibt, in das Wirtstiere eingetragen werden. Das ist lediglich bei den drei Stachelwespen-Überfamilien der Flachkopf-, Weg- und Grabwespen der Fall.

11. Eineiige Dreitausendlinge
     Ungeschlechtliche Fortpflanzung

Fortpflanzung ist die Weitergabe des Lebens an eine neue Generation. Sie kann ungeschlechtlich oder geschlechtlich sein, in letzterem Fall eingeschlechtlich als Jungfernzeugung durch unbefruchtete Eier oder zweigeschlechtlich als Elternzeugung durch befruchtete Eier. Alle drei Formen der Fortpflanzung kommen bei den Schlupfwespen vor. Hier sei zunächst die ungeschlechtliche Fortpflanzung betrachtet.

Es verwundert auf den ersten Blick, dass hochentwickelte Tiere wie Insekten sich auch ungeschlechtlich (vegetativ) vermehren können.

Man kennt diese Vermehrung vor allem von Pflanzen, bei denen sich ein Körperteil (Knospe, Knolle, Ausleger o.a.) ablöst und zu einer neuen Pflanze heranwächst. Und doch ist diese Vermehrungsform durch das ganze Tierreich hindurch bis zum Menschen erhalten. Die eineiigen Zwillinge von Säugetieren und vom Menschen sind zur Hälfte Produkte ungeschlechtlicher Vermehrung: Aus einem Embryo, der geschlechtlich entstand, geht

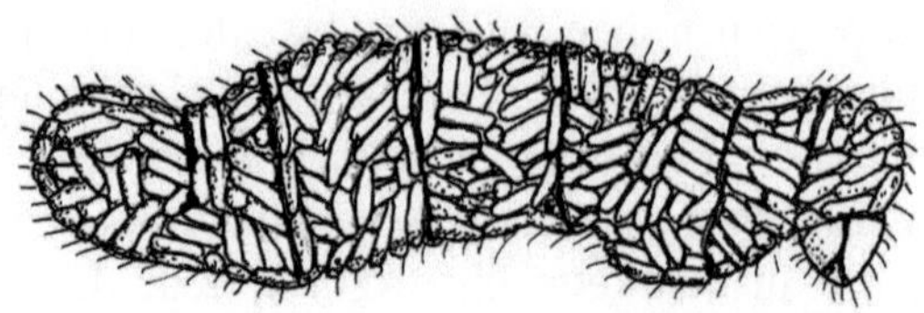

Abb.12   Polyembryonie. Raupe der Gammaeule (25 mm), deren ausgefressene Hülle von 2000 Puppenkokons bedeckt ist, die aus einem Ei von *Listomastix truncatellus* (Chalcidoidea) hervorgegangen sind

ungeschlechtlich – durch Teilung – ein zweiter Embryo mit gleichen Erbanlagen und gleichem Geschlecht hervor. Mit anderen Worten: Der eine Embryo entsteht geschlechtlich aus einem befruchteten Ei. Er teilt sich und bringt damit auf ungeschlechtlichem Weg einen zweiten Embryo hervor. Der wissenschaftliche Ausdruck für die Entstehung eineiiger Zwillinge ist Biembryonie. Wenn mehr als zwei Embryonen aus einem Ei entstehen, spricht man von Polyembryonie.

Bei den Säugetieren wird der Polyembryonie-Rekord vom südamerikanischen Gürteltier *Dasypus novemcinctus* gehalten, dessen Geburten stets aus eineiigen Vier-, Acht- oder Zwölflingen bestehen. Was ist das aber schon gegenüber den bis zu 3000 durch Polyembryonie entstandenen Nachkommen zahlreicher kleiner Schlupfwespenarten z.B. der Gattung *Encyrtus* (Chalcidoidea), aus deren einzigem Ei sich in einer kleinen Raupe bis zu ca. 50, in einer mittelgroßen Raupe bis zu ca. 500 und in einer großen Raupe bis zu ca. 3000 Nachkommen durch Teilungen entwickeln (Abb. 12).

12. Männer überflüssig
    Eingeschlechtliche Fortpflanzung

Die soeben betrachtete ungeschlechtliche Fortpflanzung durch Teilung kommt nur bei relativ wenigen Schlupfwespen vor. Die große Mehrzahl der Arten pflanzt sich geschlechtlich durch Eier fort. Diese können sich entweder ohne Befruchtung mit männlichen Samenzellen entwickeln, dann spricht man von Eingeschlechtlichkeit, Unisexualität, Jungfernzeugung oder Parthenogenese (griech. parthenos = Jungfrau), oder die Eier benötigen zur Entwicklung die Befruchtung mit Samenzellen, dann liegt eine zweigeschlechtliche oder bisexuelle Fortpflanzung vor.

Die uns hier zunächst interessierende Eingeschlechtlichkeit oder Parthenogenese ist in keiner Insektenordnung so weit verbreitet und vielfältig ausgerichtet wie bei den Hautflüglern und hier wieder bei den Schlupfwespen. Sie lässt drei Formen unterscheiden:

1. Obligatorische oder Dauer-Parthenogenese; Männchen fehlend, Nachkommen weiblich;
2. Fakultative oder zeitweise Parthenogenese; Männchen vorhanden, Nachkommen männlich, weiblich oder männlich und weiblich;
2a. Weibchen begattet, mit Spermienvorrat; Nachkommen männlich oder weiblich;
2b. Weibchen unbegattet, ohne Spermienvorrat; Nachkommen männlich, weiblich oder männlich und weiblich.

Sehen wir uns diese drei Formen etwas näher an.

1. Die obligatorische oder Dauer-Parthenogenese kommt nur bei einem kleinen Teil der Schlupfwespen-Arten vor, bei denen keine Männchen existieren. In der Mehrzahl handelt es sich um Vertreter der Erzwespen (Chalcidoidea). Fragt man nach dem biologischen Sinn eines solchen Lebens ohne Männchen, so fällt der Vorteil ins Auge, den der Wegfall der

Partnersuche bietet. Diese Arten können ohne Zeitverzug eine große Menge Nachkommen produzieren und damit auf vorübergehend reiche Angebote von Wirtstieren reagieren. Wie nicht anders zu erwarten, gehen aus den Eiern der Dauer-Parthenogenese ausschließlich weibliche Nachkommen hervor.

2. Die fakultative oder zeitliche Parthenogenese ist dadurch gekennzeichnet, dass zwar beide Geschlechter auftreten, jedoch zeitweise unbefruchtete Eier abgelegt werden und sich entwickeln. Dabei können wir zwei Typen unterscheiden.

2a. Der erste Typ, auch Bienen-Typ genannt, weil er erstmals bei der Honigbiene festgestellt wurde, ist bei den Schlupfwespen weit verbreitet. Er beruht darauf, dass die Weibchen begattet sind und einen Spermienvorrat besitzen, den sie nach Belieben für die Befruchtung von Eiern verwenden oder nicht. Die Spermien sind in einer Speicherblase enthalten, die mit dem Eileiter über eine Samenspritze in Verbindung steht. Wenn nun ein Ei durch den Eileiter gleitet und an der Samenspritze vorüberkommt, liegt es quasi „in der Hand" des Weibchens, einige Spermien auf das Ei zu spritzen und es zu befruchten oder aber es unbefruchtet passieren zu lassen. Im ersten Fall entstehen aus den Eiern Weibchen, im zweiten Fall Männchen. Es besteht hier somit ein unregelmäßiger Wechsel zwischen ein- und zweigeschlechtlicher Fortpflanzung.

2b. Der zweite Typ der fakultativen Parthenogenese ist dadurch gekennzeichnet, dass zwar Männchen existieren, aber das Weibchen aus irgendwelchen Gründen nicht begattet wurde und damit keinen Spermienvorrat besitzt. Im Prinzip gleicht diese Situation der oben genannten obligatorischen Parthenogenese, denn dort wie hier stehen dem Weibchen keine Spermien zur Eibefruchtung zur Verfügung. Der Unterschied besteht aber darin, dass die unbegatteten Weibchen des zweiten Typs beide Geschlechter als Nachkommen erzeugen können. Das Wespenweibchen ist somit imstande, schon bei der Eibildung im Eierstock sowohl diploide = zwei Chromosomensätze enthaltende Weibchen bestimmende oder haploide = nur einen Chromosomensatz enthaltende Männchen bestimmende Eier herzustellen. Die hierbei in den Eizellen ablaufenden Vorgänge bedürfen noch eingehender Untersuchung.

Generell liegt der Vorteil der fakultativen Parthenogenese mit wechselnder Bestimmung des Geschlechts der Nachkommen auf der Hand: diese Fortpflanzungsform ermöglicht den Weibchen schnell auf alle Anforderungen zu reagieren, die die Umwelt an das Geschlechterverhältnis der Schlupfwespenart stellt (S. 47).

Viel ist schon gerätselt worden über den der fakultativen Parthenogenese zugrunde liegenden Mechanismus der „willkürlichen" Festlegung des Geschlechts der Nachkommen. Trotz aller noch ungelöster Fragen steht natürlich fest, dass der Vorgang nichts mit dem Willen (der Vernunft) des Weibchens zu tun hat, sondern eine Instinkthandlung darstellt.

13. Geschwisterliebe
Zweigeschlechtliche Fortpflanzung

Die dritte Fortpflanzungsart bei den Schlupfwespen neben der ungeschlechtlichen und der eingeschlechtlichen (parthenogenetischen) ist die zweigeschlechtliche oder Amphigonie (griech. amphis = beide). Sie besteht in der Befruchtung der Eizelle durch eine Samenzelle und der Entwicklung der befruchteten Eizelle (Zygote) zum Embryo, wobei durch die Zufallsverteilung von Weibchen und Männchen bestimmenden Erbanlagen während der Befruchtung ein mittleres Geschlechterverhältnis der Nachkommen von 50% Weibchen : 50% Männchen (= 1:1) entsteht.

Die zweigeschlechtliche Fortpflanzung ist allgemein im Tierreich die typische und häufigste, nur nicht bei den Hautflüglern und insbesondere den Schlupfwespen. Letztere haben nach heutiger Erkenntnis ihre Hauptfortpflanzungsform in der fakultativen Parthenogenese vom Bienen-Typ. Allerdings kann man das auch anders sehen, denn innerhalb der fakultativen Parthenogenese ist nur die erste Phase parthenogenetisch, die zweite Phase dagegen zweigeschlechtlich. Doch hat nun einmal die Parthenogenese diesem gesamten Wechselvorgang den Namen gegeben.

Ob nun als Teil der fakultativen Parthenogenese oder als selbständige Fortpflanzungsform, beruht die zweigeschlechtliche Fortpflanzung bei den Schlupfwespen ganz überwiegend auf der Kopulation zweier nicht blutsverwandter Eltern. Doch gibt es Ausnahmen, wo regelmäßig Inzucht besteht und zwar zwischen Geschwistern oder Mutter und Sohn. Zwei Fälle hierzu seien als Beispiele betrachtet.

Geschwister-Inzucht. Die Bethylidae sind Außenschmarotzer an Käferlarven und Raupen. Das Weibchen verhält sich bei der Eiablage sehr merkwürdig. Es klebt zwei Eier an die Wirtslarve: ein befruchtetes (Weibchen bestimmendes) Ei an die Vorderbrust sowie ein unbefruchtetes (Männchen bestimmendes) Ei an die Hinterbrust des Wirtes. Nach dem Ausfressen der Wirtslarve spinnen beide Parasitenlarven je einen Kokon. Die männliche Schlupfwespe schlüpft aus dem ihrigen eher, dringt in den weiblichen Kokon ein und begattet die darin gerade fertig gewordene Schwester.

Mutter-Sohn-Inzucht. Eine kleine Erzwespe, *Melittobia acasta* (Chalcididae) zeigt einen ausgeprägten Geschlechterunterschied bezüglich des Anteils und des Körperbaues. Nur rund 5% der Tiere sind Männchen, und diese sind im Gegensatz zu den Weibchen farblos, blind und flügellos. Die Fortpflanzung dieser Schlupfwespe lässt sich an Kuriosität kaum überbieten. Das befruchtete Weibchen legt 10 bis 30 unbefruchtete, also Männchen bestimmende, Eier in die Kokons von einzeln lebenden (solitären) Bienen. Nach der Eiablage wartet es in der Nähe des Wirtes etwa 10 Tage lang auf das Schlüpfen ihrer Nachkommen, die nur aus Söhnen bestehen. Mit einem davon begattet es sich und legt sodann in den folgenden Wochen bis zu 1000 Eiern ab, aus denen ausschließlich Weibchen hervorgehen.

14. Wärme schafft Männchen
Geschlechterverhältnis

Das Zahlenverhältnis zwischen weiblichen und männlichen Individuen (= Geschlechterverhältnis) beträgt normalerweise im Tierreich und auch beim Menschen i.M. 50:50, doch gibt es Tiergruppen, die zeitweise oder dauernd stark davon abweichen. Zu ihnen gehören viele Schlupfwespen. Im folgenden seien fünf Ursachen genannt, die bei Schlupfwespen zur Abweichung des Geschlechterverhältnisses von der Norm führen.

Als Hauptursache ist die bei parasitischen Tieren allgemeine Tendenz zur Stärkung des weiblichen Geschlechts zu nennen. Sie beruht darauf, dass den Weibchen die grundlegenden Aufgaben der Wirtsfindung und Erhaltung der Art obliegen. Je mehr Weibchen es gibt, desto größer sind die Chancen, genügend Wirte zu finden und Eier abzulegen. Der Mechanismus der Weibchen-Bevorzugung besteht in der Entscheidung des Weibchens, vor der Eiablage ihre Samenspritze zu betätigen oder nicht (s.o.). In der Bevorzugung des weiblichen Geschlechts hat es die erwähnte Erzwespe *Melittobia acasta* weit gebracht. Ihr Geschlechterverhältnis beträgt etwa 95:5 zugunsten der Weibchen. Noch weiter gingen einige andere Chalcididen, bei denen es überhaupt keine Männchen mehr gibt.

Während die soeben genannte generelle Begünstigung der Weibchen eine dauernde Erhöhung des Weibchenanteils bedeutet, ist eine zweite Ursache zeitlich begrenzt: die Anpassung an erhöhte Wirtsdichten. Sobald eine Wirtsart in größerer oder gar sehr großer Menge (Massenvermehrung) auftritt, bietet die Schlupfwespe ihr ganzes Potential an weiblichen Nachkommen auf, um dieses Angebot auszuschöpfen. Hierin liegt eine wichtige Komponente der natürlichen Regulation von Massenvermehrungen schädlicher Insekten (s.u.), durch welche die Schlupfwespen zu bedeutenden Helfern des wirtschaftenden Menschen im Kampf gegen schädliche Insekten werden.

Eine dritte Ursache von Verschiebungen des Geschlechterverhältnisses bildet die Größe des Wirtes. Das Parasitenweibchen kann auf Grund ihres Messvermögens (S. 75) die Größe und Körpermasse eines Wirtes abschätzen und danach entscheiden, ob es Weibchen oder Männchen bestimmende Eier in den Wirt hineinlegt. Die Unterscheidung hat ihren Sinn darin, dass die weibliche Larve zur Bereitstellung der für die umfangreichen Geschlechtsorgane notwendigen Substanz mehr und länger Nahrung zu sich nimmt als die männliche Larve. Die eiablegende Schlupfwespe wird daher z.B. beim Angebot mehrerer verschieden großer Raupen des Kohlweißlings die größeren Raupen mit Weibchen bestimmenden und die kleineren Raupen mit Männchen bestimmenden Eiern belegen. Eine solche vorausschauende Instinkthandlung ist schon sehr erstaunlich.

Als vierte Verschiebungsursache spielt der „Geschlechterkampf" zwischen Parasitenlarven im Inneren des Wirtes eine – hier allerdings für den Weibchenanteil negative – Rolle. Nicht immer erkennt das Schlupfwespen-Weibchen, ob das Wirtstier noch frei oder mit Parasiten besetzt ist. Wenn es dann seine Eier in einen schon besetzten Wirt ablegt, kommt es zum Konkurrenzkampf zwischen den Parasitenlarven, bei dem die organisch empfindlicheren weiblichen Tiere in der Regel den kürzeren ziehen.

Schließlich wurde auch eine Beziehung zwischen der Temperatur und dem Geschlechterverhältnis bekannt. Als man bei zwei der in Blatt- und Schildläusen parasitierenden *Aphytis*-Arten (Aphidiidae) die Weibchen vor der Eiablage einer Temperatur von 27°C aussetzte, waren 34% und 49% ihrer Nachkommen männlich. Als man die Temperatur auf 15°C herabsetzte, betrugen die Anteile der männlichen Nachkommen 74% und 91%.

Die vorstehend aufgezählten Ursachen von Verschiebungen des Geschlechterverhältnisses bei Schlupfwespen sind mit Sicherheit nicht vollständig. Hier liegt noch ein weites Forschungsfeld brach.

15. Wegweiser: Sexualdüfte
     Partnerinfindung

Das Schlupfwespen-Weibchen muss den Wirt finden, das Männchen die Partnerin. Das sind die beiden grundlegenden Suchaufgaben der Vollkerfe, von denen wir uns zunächst die Partnerinfindung ansehen wollen.

Welche Sinne setzt das Männchen bei seiner Suche ein? Die Augen sind es nicht, denn wir sahen, dass diese in der Hauptsache zum Bewegungssehen geeignet sind. Wichtigster Sinn für die Weibchensuche ist der Geruchssinn, der beim Männchen phänomenal ausgebildet ist. Wir finden ihn in den Fühlern lokalisiert, die daraufhin bei den Männchen oft länger und dicker als bei den Weibchen sind und nicht selten durch besondere Bildungen wie Leisten, Verzweigungen u.a. auffallen.

Als Wegweiser dienen der männlichen Wespe artenspezifische Sexualduftstoffe, die das Weibchen produziert und die in unglaublicher Verdünnung und Entfernung von den Männchen wahrgenommen werden. So enthält denn die für unsere Nase würzige Waldesluft in Wirklichkeit tausende von spezifischen Sexualdüften, die für uns nicht riechbar sind. In prinzipiell gleicher Weise wie das Flugzeug durch Signale zum fernen Flugplatz geleitet wird, leiten die weiblichen Duftsignale das Wespenmännchen zu seiner Partnerin.

Das Zusammenfinden der Partner geht bei vielen Tieren jedoch nicht nur vom Weibchen aus, sondern es sind beide Partner daran beteiligt. Außer Duftstoffen werden häufig Töne oder Tonfolgen verwendet, also akustische Signale z.B. bei den Vögeln, aber auch bei mehreren Insektengruppen vor allem den Heuschrecken, Grillen und Zikaden. Die Schlupfwespen machen in einer einzigen Familie, bei den Ameisenwespen (Mutillidae) (S. 22) von akustischen Signalen Gebrauch (S. 37).

16. Wespenbalz
    Werbung, Begattung

Hat ein Schlupfwespen-Männchen ein Weibchen seiner Art gefunden, kommt es häufig schnell zur Sache: Es stürzt sich auf die Partnerin und begattet sie ohne Rücksicht auf deren oft vorhandene Gegenwehr. Das Ganze erweckt den Eindruck einer Vergewaltigung. Eine solche überfallartige Begattung kann in Extremfällen noch vor dem Schlüpfen der Weibchen in deren Verpuppungskokons stattfinden wie es z.B. bei den Bethylidae beobachtet wurde (S. 46). Bei den Eier parasitierenden Trichogrammatidae lassen die Männchen die Weibchen wenigstens erst einmal schlüpfen: Sie warten , auf den Wirtseiern sitzend, bis die Weibchen aus den Eiern herausgekommen sind und begatten sie, noch bevor sie ihre Flügel glätten konnten. In beiden Fällen (Bethylidae, Trichogrammatidae) fragt man sich, wie das Männchen an dem Schlupfwespenkokon oder dem Wirtsei erkennt, dass sich darin ein Weibchen befindet. Diese Frage ist noch unbeantwortet.

In der Mehrzahl der Fälle aber wird dem Begattungsakt eine artspezifische Werbung vorangestellt, die normalerweise mit körperfernen Bewegungen beginnt und dann zu Berührungen führt. So kommt es z.B. bei vielen Braconiden zunächst zu einem Balzschwärmen, indem die Männchen in einem Schwarm auf- und niederfliegen (tanzen), ganz so wie es die Tanzmücken machen. Anschließend kommt es zur sexuellen Stimulierung der Partner durch Berührungen, die von den Männchen ausgehen. Unter Zucken und Schwirren mit den Flügeln betrillert das Männchen mit den

Fühlern die Körperseiten seiner Partnerin.

Die abschließende Begattung erfolgt je nach Art bzw. Gruppe in einer von drei Stellungen. Am häufigsten besteigt das Männchen den Rücken des Weibchens und führt den Penis um die Hinterleibsspitze herum in die Geschlechtsöffnung ein. In den beiden anderen Fällen stehen die Partner entweder Seite an Seite oder bilden mit entgegengesetzten Köpfen und sich berührenden Hinterleibsspitzen eine Linie.

Das alles betraf die am häufigsten zu beobachtende Begattung auf dem Boden oder auf Pflanzen. Es gibt jedoch auch Begattungen in der Luft und sogar im Wasser.

Vor allem bei Schlupfwespenarten, deren Wirte am Boden oder in Bodennähe leben, sind die Weibchen oft flügellos und kleiner als die Männchen so z.B. bei den Ameisenwespen (Mutillidae) (s.o.). Hier werden die flügellosen Weibchen von den geflügelten und kräftigeren Männchen ergriffen und in die Luft getragen, wo die Begattung stattfindet.

Dass unter der Oberfläche stehender Gewässer die Begattung von Schlupfwespen stattfinden kann, hätte man nicht für möglich gehalten, bis sie bei *Polynema natans*, einer etwa 1 mm kleinen Zwergwespe (Mymaridae) beobachtet wurde. Diese Art parasitiert in Eiern von Wasserinsekten (S. 32).

17. 15 bis 15000 Eier
     Bildung, Transport und Zahl der Eier

Die Schlupfwespenweibchen kommen entweder mit fertigen und zur Ablage bereiten Eiern oder mit einem Teil noch unfertiger, unreifer Eier zur Welt. Die ersteren brauchen nur für sich selbst Energie liefernde Nahrung in Form zuckerhaltiger Säfte (S. 34), während die letzteren außerdem noch eiweißhaltige Nährstoffe in Form von Körpersäften anderer Insekten für die Entwicklung der noch unreifen Eier zu sich nehmen müssen.

Überraschung löste die Entdeckung aus, dass die An- oder Abwesenheit des Wirtsinsekts die Eibildung der Schlupfwespen beeinflussen kann. Die Weibchen von *Diadromus pulchellus* (Ichneumonidae) entwickelten bei Abwesenheit eines Wirtes 15 bis 20 ablegreife Eier. Wurde ihnen aber täglich für 9 Stunden eine Puppe der als Wirt dienenden Lauchmotte *Acrolepia assectella* zugegeben, erhöhte sich ihre Eizahl auf 78 und stieg weiter auf 105, wenn ihnen 5 Puppen dargeboten wurden. Auch die Zeitdauer der Wirtsdarbietung spielte eine Rolle: wurde dem Weibchen eine Wirtspuppe nur jeden 2., 3. oder 4. Tag dargeboten, fiel die Eizahl von 78 auf 28, 14 bzw. 7. Es ist anzunehmen, dass der Anblick der Wirtspuppen bei den Schlupfwespen-Weibchen die Geschlechtshormone anregt, welche die Eibildung bewirken.

Die Zahl abgelegter Eier pro Weibchen schwankt zwischen 15 bei *Ephialtes* und 15 000 bei den Eucharitidae. Dieser gewaltige Unterschied hängt nicht nur von der Größe des Wirtstieres ab, sondern mehr noch von einer Reihe anderer Faktoren, insbesondere von der Parasitierungsform (solitär, gregär, Polyembryonie, S. 42, S. 79). Wenn nur eine Parasitenlarve sich in einem Wirt entwickelt (Solitärparasit), wie das bei den meisten größeren Arten der Fall ist, genügt eine geringe Eizahl pro Weibchen zur Arterhaltung. Wenn jedoch bei kleinen Arten viele Parasitenlarven sich im Wirtskörper entwickeln (Gregärparasit) (Abb. 13A), muss das Weibchen eine entsprechend große Zahl Eier zur Reife bringen und ablegen, es sei denn, dass Polyembryonie vorliegt, also aus einem Ei auf ungeschlechtlichem Wege sich viele Nachkommen entwickeln (S. 42). Schlupfwespen, bei denen das Existenzrisiko sehr hoch ist, wurden von der Natur mit großen Eizahlen bedacht. Hierfür seien zwei Beispiele genannt.

Manche Arten der Erzwespen-Familie Eucharitidae parasitieren bei Ameisen, legen ihre Eier jedoch nicht an diese, sondern an Blättern ab. Die daraus schlüpfenden Parasitenlarven springen auf vorüber-

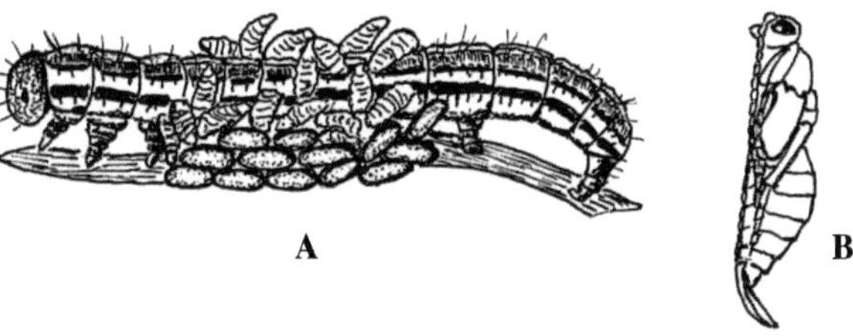

Abb. 13 Gregärparasitismus. *Apanteles* spec. (Braconidae), 3.5mm, in Forleulen-Raupe.
A. *Apanteles*-Larven verlassen die tote Raupe und spinnen weisse Puppenkokons;
B. *Apanteles*-Puppe, einem Kokon entnommen.

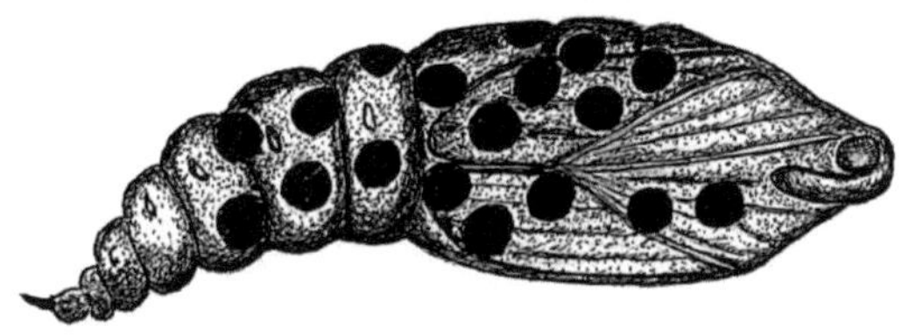

Abb. 14 Gregärparasitismus. Puppe des Kiefernschwärmers *Hyloicus pinastri*, von zahlreichen Wespen des Puppenparasiten *Pteromalus puparum* (Chalcidoidea) verlassen, wobei jede Wespe sich ein eigenes Schlupfloch aus der Wand der Schwärmerpuppe frass

kommende Ameisen und lassen sich von ihnen in deren Nest tragen. Dort dringen sie in Ameisenlarven oder -puppen ein. Nach Abschluss der Entwicklung verpuppen sie sich in Kokons innerhalb des Ameisennestes. Die fertigen Wespen müssen sich ihren Weg durch das Nest nach außen bahnen. Welche extrem hohen Risiken birgt diese Lebensweise in sich! Schon die auf Blättern wartenden Parasitenlarven sind zahlreichen räuberischen Insekten und Spinnen ausgesetzt. Zudem müssen sie auf bestimmte Ameisenarten warten, die zu ihrem Wirtskreis gehören. Besonders gefahrvoll sind das Anheften der Parasitenlarven und ihr Transport zum Ameisennest. Die Ameisen sind aggressive Insekten, die fremde Tiere an ihrem Körper nicht ohne weiteres dulden. Am gefährlichsten aber ist für die Schlupfwespenlarven das Verlassen der Transportameisen im

Nest und die Suche nach Wirtslarven bzw. -puppen. Schließlich birgt das Emporarbeiten der fertigen Wespe zur Erdoberfläche große Gefahren. Somit ist insgesamt das existentielle Risiko extrem hoch. Die Eucharistidae fangen es mit einer entsprechend hohen Eizahl auf. Es wurden bei ihnen bis zu 15 000 superkleine Eier pro Weibchen gezählt, was Rekord für die Schlupfwespen bedeutet.

Als zweites Beispiel sei *Pseugonalos hahni* genannt, die einzige europäische Art der Familie Trigonalidae. Ihre Larven entwickeln sich als Sekundärparasiten in Schmetterlingsraupen oder Blattwespenlarven, also in solchen Wirten, die bereits eine primärparasitische Schlupfwespen- oder Fliegenlarve in sich tragen. Die Eier werden auch hier auf Blättern abgelegt, entlassen jedoch nicht sofort die Larven, sondern warten darauf, von einer Raupe gefressen zu werden und wandeln sich erst im Raupenkörper zu parasitischen Larven um, dies jedoch nur, wenn sich in der Raupe bereits eine primärparasitische Schlupfwespenlarve befindet, denn als Sekundärparasiten kommt es ihnen nicht auf die Raupe selbst, sondern auf die in ihr befindliche Primärparasitenlarve an. Auch das Schicksal dieser Schlupfwespe ist also von Bedingungen abhängig, die nur selten erfüllt werden und sie wappnet sich dagegen mit einer besonders hohen Eizahl. Bei ihr wurden 10 000 und mehr sehr kleine Eier pro Weibchen gezählt.

Was den Transport der Eier im mütterlichen Körper betrifft, so lassen sich dabei zwei Wegabschnitte unterscheiden: Zunächst der (unpaare) Eileiter, der die Eier aus den paarigen Eierstöcken aufnimmt und danach der Eikanal im Inneren des Legebohrers. Während der Eileiter elastisch ist und daher auch relativ große, dotterreiche Eier aufnehmen kann, ist der Legebohrer-Kanal unelastisch. Kleine, dotterlose Eier, vor allem von Brack- und Erzwespen, können den Bohrergang ungehindert passieren. Sie vergrößern ihren Umfang erst im Wirt durch Wasseraufnahme, wobei z.B. die Eier von *Perilitus rutilus* (Braconidae) ihr Gewicht um das 1200fache steigern können. Problematischer ist der Transport größerer und mit mehr Dotter versehener Eier. Diese machen sich im Legebohrer schlank, wodurch sie bei *Ephialtes*-Arten eine Länge von 20 mm erreichen können. Noch größeren und dotterreicheren Eiern ist der Durchtritt durch den Legebohrer verwehrt. Sie gleiten in einem Sekret außen am Bohrer entlang. Bei den Stachel-Schlupfwespen (Aculeata) ist dieser Außenweg zum allgemeinen Weg geworden, da bei ihnen der Legebohrer zu einem Wehrstachel umgebildet ist.

18. Wespenlarve im Floh
    Wirtsspektrum

Das Wirtsspektrum, also die Bandbreite der Tierarten und -gruppen, die als Wirte dienen, spiegelt die hohe Fähigkeit der Schlupfwespen wider, alle ökologischen Nischen auszunutzen, seien diese im oder am Erdboden, in oder an Pflanzen oder gar im Wasser lokalisiert. Außer dieser räumlichen Grundlage hat das Wirtsspektrum zwei weitere Aspekte: die systematische Stellung der Wirtstiere sowie deren Entwicklungsstadium.

Sämtliche Schlupfwespenarten parasitieren in Angehörigen des Stammes der Gliederfüßer (Arthropoda), jenes Tierstammes also, welchem sie selbst angehören. Von den 3 Unterstämmen der Gliederfüßer: Krebstiere (Crustacea), Spinnentiere (Arachnoidea) und Tracheentiere (Tracheata, mit den 2 Klassen Tausendfüßer und Insekten) wird der erstgenannte Unterstamm nicht parasitiert, obwohl er geeignete Arten in Form der Landasseln (Kellerassel, Rollasseln u.a.) aufweist. Innerhalb des 2. Unterstammes: Spinnentiere, finden sich Schlupfwespen-Wirte in 3 Ordnungen: Pseudoskorpione, Spinnen und Milben (einschließlich Zecken). Zur Hauptgruppe ihrer Wirte aber haben die parasitischen Wespen den 3. Unterstamm: Tracheentiere, gemacht. Zwar begnügen sie sich bei der Klasse der Tausendfüßer (Myriopoda) mit wenigen Arten der Doppelfüßer und Hundertfüßer, dafür haben sie in der Klasse der Insekten (Insecta) Wirte in den meisten der zahlreichen Ordnungen, sowohl in den hemimetabolen (ohne Puppenstadium): Eintagsfliegen, Libellen, Heuschrecken, Grillen, Gottesanbeterinnen, Ohrwürmer, Schaben, Staub- und Rindenläuse, Thripse, Wanzen, Pflanzensauger (Zikaden, Blatt-, Schild- und Mottenschildläuse sowie Blattflöhe) als auch in den holometabolen Ordnungen (mit Puppenstadium): Hautflügler, Käfer, Schmetterlinge, Köcherfliegen, Kamelhalsfliegen, Schnabelhafte, Florfliegen, Zweiflügler (Mücken und Fliegen) sowie Flöhe. Der Schwerpunkt liegt zweifellos bei den Schmetterlingen. Unter den mehreren Tausend europäischer Klein- und Großschmetterlingsarten gibt es wohl keine, die nicht von Schlupfwespen parasitiert würde.

Die Schlupfwespen parasitieren in allen Entwicklungsstadien ihrer Wirtstiere: Eier, Larven bestimmten Alters, Puppen und Vollkerfe. Entsprechend werden sie als Ei-, Larven-, Puppen- oder Vollkerfparasiten oder, wenn sie mehrere Entwicklungsstadien durchlaufen, als Ei/Larven-, Ei/Larven/Puppen-Parasiten u.s.w. bezeichnet. Ei/Larven/Puppen-Parasit heißt dabei, dass (wie etwa bei den Polygasteridae) das Schlupfwespen-Weibchen sein Ei in das Wirtsei versenkt, worauf die Parasitenlarve das Ei-, Larven- und Puppenstadium des Wirtes durchläuft und die fertige Wespe aus der ausgefressenen Wirtspuppe schlüpft. Unter den Entwicklungsstadien bevorzugen die Schlupfwespen deutlich die Larven. Am wenigsten sind die Vollkerfe parasitiert, offenbar weil sie zu hart gepanzert sind (Abb. 15C).

Bei den Eiparasiten gibt es ein begriffliches Problem. Es betrifft Fälle, wo die Schlupfwespenlarve sich nicht in einem einzigen Wirtsei, sondern in einem Eigespinst von Spinnen (Abb. 16A) oder einem Eipaket von Schaben und Gottesanbeterinnen entwickelt. Sie erfüllt damit nicht die Bedingung des Parasitismus, nur ein Wirtstier zur Entwicklung zu benötigen. Dennoch wollen wir hier solche Arten zu den Parasiten und nicht zu den Räubern stellen, da es sich jeweils um ein einzelnes Eiergespinst bzw. eine einzelne Eierkapsel handelt, was dem mehrfachen Beutefang der räuberischen Tierarten an verschiedenen Orten und zu verschiedenen Zeiten widerspricht.

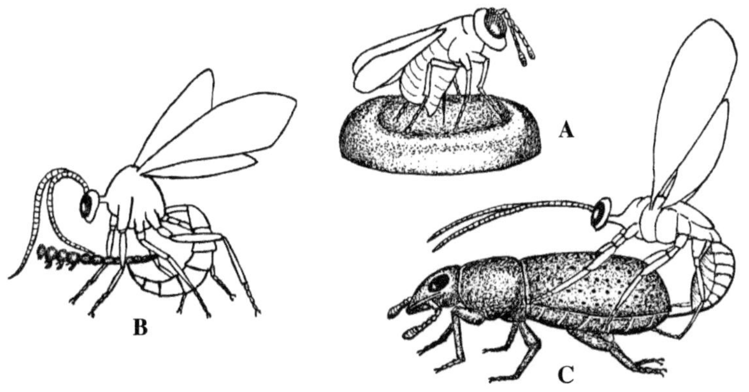

Abb. 15   Schlupfwespen – Eiablage in:
A. Kiefernspanner – Ei, durch *Trichogramma evanescens* (Chalcidoidea), 2 mm;
B. junge Forleulenraupe durch *Banchus femoralis* (Ichneumonoidea), 15 mm;
C. Rüsselkäfer durch *Pygostolus falcatus* (Braconidae), 5 mm

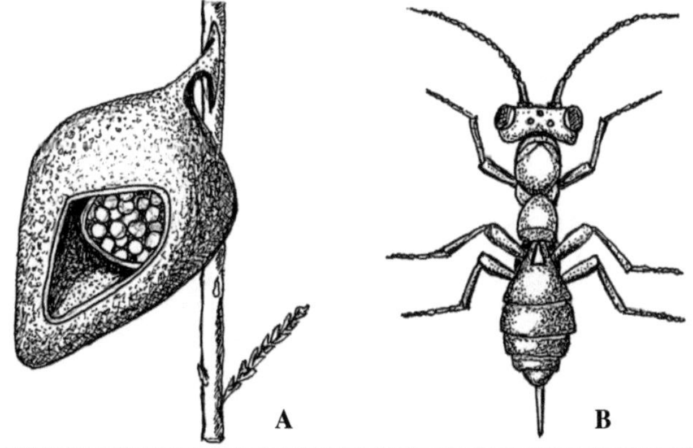

Abb. 16   Parasitierung von Spinneneiern.
A. Eikokon der Spinne *Agroeca* spec., mit geöffneter Ei – und Vorkammer, 10 mm;
B. *Gelis* spec. (Ichneumonoidea), 5 mm, flügellos, Parasit von Spinneneiern

19. Kiefernölduft
    Wirtsfindung

Die wohl schwierigste Aufgabe im Leben der Schlupfwespen ist die Wirtsfindung. Beobachtungen und Experimente zeigten, dass zur Auffindung des Wirtstieres eine Reizkette führt, wie wir sie im Prinzip bereits in anderem Zusammenhang (S. 38) kennen lernten. Wir erinnern uns: Die Beantwortung eines Reizes bildet zugleich den Auslöser für den nächsten Reiz und so fort. Bei der Wirtfindung beginnt die Reizkette mit einem von Geschlechtshormonen ausgelösten Suchreiz, der die Schlupfwespe in die Stimmung versetzt, sich auf die Suche nach einem Wirt zu begeben.

Bei einem Teil der Schlupfwespen wird der Suchreiz unmittelbar nach dem Schlüpfen ausgelöst, nämlich bei jenen, deren Eier vollzählig entwickelt und ablegereif sind. Das andere Extrem besteht in einer mehrere Wochen dauernden Wartezeit zwischen dem Schlüpfen der Wespe und dem Auftreten des Suchreizes. Ein Experiment macht dies deutlich: Die Ichneumonide *Pimpla ruficollis*, ein Parasit des Kiefernwicklers *Rhyacionia buoliana*, besucht während der ersten 3 bis 4 Wochen ihres Lebens Blütenpflanzen und kümmert sich nicht um ihre Wirte. Während dieser Zeit wird sie vom Duft des Kiefernnadelöls abgestoßen. Danach, wenn inzwischen ihre Eier gereift sind, tritt – durch Hormone gesteuert – eine Wende ein: Der Kiefernölduft wird für die Wespe attraktiv und sie begibt sich, dem Duft folgend, auf die Wirtssuche.

Der vom Substrat ausgehende Duftreiz wird von den hochempfindlichen Riechsinneszellen aufgenommen, die in den Fühlern der Schlupfwespe Riechorgane bilden. Diese sind im Gegensatz zu den kombinierten Riech/Tast-Sinnesorganen (S. 36) reine Riechorgane. Sie treten auch beim darauf folgenden Reiz in Funktion, dem Wirtsfernduft. Schließlich, wenn der Wirt erreicht ist, wird er mit Hilfe des kombinierten Riech/Tastorgans näher untersucht und endgültig identifiziert. Das Grundmuster der Wirtsfindungs-Reizkette besteht somit aus 5 Reizen: Hormonelle Auslösung – Substratduft – Wirtsfernduft – Wirtsnahduft/Wirtsgestalt.

Um zwei Glieder erweitert wird diese Reizkette, wenn die Schlupfwespe sekundär ist, das heißt, wenn sie es nicht auf den Primärwirt (z.B. Raupe), sondern auf die im Körper des Primärwirts fressende Primärparasitenlarve abgesehen hat. Dann lautet die Reizkette: Hormone – Substratduft – Primärwirtsfernduft – Primärwirtsnahduft/-Gestaltsduft – Primärparasitenduft/-Gestaltsduft. Um die zwei letztgenannten Reize aufzunehmen, versenkt die Wespe ihren Legebohrer in den Primärwirt und untersucht mittels des am Bohrerende befindlichen Riech/Tastorgans den Primärparasiten.

Die gleiche Reizketten-Erweiterung gilt auch, wenn es sich nicht um einen Primärparasiten im Körper eines Primärwirts, sondern um einen solchen im Innern eines Kokons handelt. Dann wird mit dem Riech/Tastorgan der Fühler zuerst der Kokon außen und danach mit dem Riech/Tastorgan der Bohrerspitze innen untersucht.

Beobachtungen zeigten, dass innerhalb der Reizkette bei der Nah-Untersuchung ein Zusatzduft auftreten kann, der die Schlupfwespe zum Abbruch der Wirtssuche veranlasst. Dieser Duft signalisiert, dass der Wirt bereits mit einer Parasitenlarve besetzt ist. Man kann den Reiz daher als Okkupationsreiz (Okkupation = Besetzung) bezeichnen. Er ist identisch mit dem Fußspurduft der zuvorgekommenen Wespe (S. 36).

20. Ein Pilz als Lotse
     Sonderformen der Wirtsfindung

Eine Sonderreizkette zur Wirtsfindung liegt bei den Riesenschlupfwespen (Ephialtinae) vor, denen es auferlegt ist, durch eine oft mehrere Zentimeter dicke Holzschicht hindurch ihre Wirtstiere, die Larven von Holzwespen oder Bockkäfern, zu orten. Als Beispiel sei *Rhyssa persuasoria* betrachtet, die bei den Larven von

Holzwespen (Siricidae) schmarotzt. Sie ist mit 7 cm Länge die größte europäische Schlupfwespe, wobei 4 cm auf ihren Legebohrer entfallen.

Auch das *Rhyssa*-Weibchen folgt dem Duft der Wirtspflanze (Substratreiz), in diesem Fall dem Rindenduft des Nadelholzes. Auf der Rinde tritt dann aber nicht der Wirtsfernduft in Aktion, da der Wirt im Holzinneren verborgen ist, sondern ein Erschütterungsreiz, der von der in ihrem Fraßgang tätigen Wirtslarve ausgeht. Allerdings ist dieser Reiz nicht genau genug, um die Position der Wirtlarve zu markieren. Das *Rhyssa*-Weibchen beginnt daher zu probieren: Es bohrt sein langes Legerohr in das Holz (Abb. 18), um den Fraßgang der Siriciden-Larve zu treffen. Hat sie dieses Ziel erreicht, wirkt dort auf ihr Riech/Tast-Organ an der Bohrerspitze ein Duftreiz ein, der nicht vom Wirtstier ausgeht, sondern eigentümlicherweise von einem Pilz (*Amylosterium* spec.), der auf dem Wirtslarven-Bohrmehl wächst. Der Pilzduft ist um so stärker je feuchter das Bohrmehl ist, und da dieses seine maximale Feuchtigkeit in unmittelbarer Nähe der Holzwespenlarve erreicht, erkennt das *Rhyssa*-Weibchen an Hand der Pilzduftstärke, wo genau die Wirtslarve sich aufhält. Dieser komplizierte Zusammenhang wurde durch Experimente mit pilzbesiedeltem Bohrmehl und *Rhyssa*-Weibchen eindeutig nachgewiesen. Was für ein kurioser Vorgang: Ein Pilz im Holzinneren lotst das außen sitzende Schlupfwespenweibchen zu der Holzwespenlarve! Wenn die Wespe mit der Wirtslarve in Berührung kommt, überprüft sie diese mit ihrem Riech/Tast-Organ und heftet ihr Ei an deren Körper. Denn die Riesenschlupfwespen sind Ektoparasiten, deren Larven die Wirtslarve von außen her auffressen. Somit sieht die Wirtsfindungsreizkette bei *Rhyssa* wie folgt aus: Hormon – Substratduft – Erschütterung – Pilzduft – Wirtsnahduft/Wirtsgestalt.

Eine einzigartige Wirtsfindung hat auch die kleine Scelionide *Mantibaria manticida* entwickelt, die in Eipaketen der Gottesanbeterin *Mantis religiosa* parasitiert. Diese bis 7 Zentimeter große Fangschrecke erhielt ihren Namen auf Grund ihrer „betend" nach vorn zusammengelegten großen Fangarme. Ihre von einer Hülle umgebenen Eier sind zweifellos schwerer aufzufinden als die große Fangschrecke selbst, weshalb die Schlupfwespe ihre Wirtswahl nicht direkt auf die Eier, sondern zunächst auf die Eierzeugerin richtet. Hat sie diese gefunden, wirft sie ihre Flügel ab und heftet sich in den Achseln der Gottesanbeterin so lange fest, bis diese ihre Eier abgelegt hat. Das kann mehrere Wochen dauern. Nach erfolgter Eiablage der Fangschrecke verlässt die Schlupfwespe ihr Tragtier und versenkt ihre Eier in das Wirtseipaket. Die Sache hat nur einen Haken: die Schlupfwespe kann Männchen und Weibchen der Fangschrecke nicht unterscheiden. Besteigt sie ein Weibchen, gelangt sie zum Ziel; ist es aber ein Männchen, geht sie mit dessen natürlichem Tod zugrunde. Denn der Reiz, der sie absteigen lässt, geht von den Eiern aus. Ohne diese bleibt sie bis zum Tod an ihrem Tragtier haften.

21. Mit der Küchenschabe um die Welt
Wirtsbindung

Wirtsbindung bedeutet, dass bestimmte Parasitenarten sich im Laufe der Zeit an bestimmte Wirtsarten- oder -gruppen angepasst haben und nunmehr bevorzugt oder gar ausschließlich bei diesen vorkommen. In der Hauptsache lässt sich die Wirtsbindung – in unserem Fall also der Schlupfwespen – an bestimmte Verwandtschaftsgruppen (Rasse, Art, Gattung usw.) der Wirte beziehen, doch gibt es auch Bindungen an bestimmte Entwicklungsstadien oder Körperteile der Wirte.

Verwandtschaftsgruppen

Die Rasse oder Unterart ist der niedrigste Erbverband im Verwandtschaftssystem der Tiere. Sie kommt dadurch zustande, dass Teile (Teil-Populationen) einer Tierart unter der Einwirkung geografischer (vor allem klimatischer) oder ökologischer Umwelteinflüsse isoliert und durch Anpassung an diese zu geografischen oder ökologischen Rassen werden. Sie bilden dabei eigene Erbmerkmale aus, die aber noch nicht so gewichtig sind, dass sie zur Aufstellung neuer Arten reichen würden. Als Beispiel einer geografischen Rassenbildung seien die 30 Unterarten des Braunbären genannt, die über Nordamerika und Eurasien verbreitet sind. Bei den Gliederfüßern, insbesondere Insekten als Wirte von Schlupfwespen, ist die Bildung geografischer Rassen und die Bindung von Schlupfwespen an diese noch kaum untersucht worden, weshalb hierüber erst spärliche Erkenntnisse vorliegen. Es sei die Rote Kiefernblattwespe, *Neodiprion sertifer*, genannt, die in Mitteleuropa eine Tieflandrasse und eine Alpenrasse bildet. Nur bei der ersteren tritt die Chalcidoide *Lophyroplectrus* spec. auf und ist somit an eine geografische Wirtsrasse gebunden.

Ökologische Rassen entstehen in derselben geografischen Region durch isolierende ökologische Faktoren. Hierzu sind unter den Schlupfwespen-Wirten schon zahlreiche Beispiele bekannt. So tritt der Nonnenspinner, *Lymantria monacha*, in Mitteleuropa in mehreren ökologischen Rassen auf, darunter einer Fichtenwald- und einer Kiefernwaldrasse. Zwischen diesen beiden Rassen wurden erhebliche Unterschiede der Schlupfwespen-Garnitur festgestellt. Hierfür sind die zwischen den beiden Waldtypen bestehenden Unterschiede in der Vegetation und Insektenfauna verantwortlich, da von ihnen die Haupt-, Neben- und Zwischenwirtbeziehungen (S. 85), die für die Existenz der meisten Schlupfwespenarten notwendig sind, abhängen.

Die Art (Spezies) ist die auf die Rasse folgende nächsthöhere Verwandtschaftsgruppe. Sie bildet die Hauptkategorie des Verwandtschaftssystems aller Organismen und wurde bzw. wird am weitaus häufigsten den wissenschaftlichen Untersuchungen zugrunde gelegt. Entsprechend zahlreiche Ergebnisse gibt es über die Wirtsbindung von Schlupfwespen an Gliederfüßerarten.

Die Bindung einer Schlupfwespenart an eine einzige Wirtsart (Monophagie) ist selten. Zu hoch sind die Risiken, die mit solcher

Spezialisierung verbunden sind. Ein bekannter Artspezialist ist die Hungerwespe (nach dem abnorm kleinen „verhungerten" Hinterleib benannt (Abb. 2A) *Evania appendigaster* (Evaniidae), die in den Eipaketen der Küchenschabe, *Blatta orientalis*, parasitiert. Die Schabe ist so häufig und kontinuierlich über die ganze Welt verbreitet, dass für den Parasiten die Artspezialisierung so gut wie kein Existenzrisiko bedeutet. Zu den Einarten-Parasiten gehört auch die Erzwespe *Torymus bedeguaris*, die man nur aus den Gallen der Rosengallwespe *Diplolepis rosalis* kennt, in deren Larven sie parasitiert. Da die *D. rosae*-Gallen an allen Wild- und Zuchtrosen häufig vorkommen, braucht *T. bedeguaris* sich um Wirte nicht zu sorgen. Als drittes Beispiel einer monophagen Schlupfwespe sei die Scelionide *Mantibara manticida* erwähnt, deren Larven sich in den Eipaketen der Gottesanbeterin *Mantis religiosa* entwickeln (S. 61). In allen soeben genannten Fällen der Monophagie in Bezug auf eine Wirtsart besteht natürlich zugleich eine Monophagie in Bezug auf die höheren Kategorien (Gattung, Familie, Ordnung), denen diese Art angehört.

Die erdrückende Mehrheit der Schlupfwespenarten aber ist polyphag, d.h. an mehrere Wirtsarten gebunden, woraus – je nachdem, ob die Wirte einer oder mehreren Gattungen, Familien und Ordnungen angehören – sich entsprechende Bindungen an eine oder mehrere dieser höheren Kategorien ergeben. Zum Beispiel ist *Methoca ichneumonoides* (Methocidae) an Arten der Laufkäfer-Gattung *Cicindela* gebunden; die Arten der Diplazontinae parasitieren nur in Arten der Familie Schwebfliegen (Syrphidae), und die Erzwespe *Pteromalus puparum* wurde in rund 50 Arten verschiedener Gattungen und Familien innerhalb der Ordnung Schmetterlinge gefunden. Aber selbst eine so umfangreiche Verwandtschaftsgruppe wie die Ordnung, die in der Regel mehrere bis viele Gattungen und Familien umfasst, reicht für manche Schlupfwespen noch nicht aus: Die Ichneumonide *Pimpla alternans* ist als Parasit aus 19 Arten von drei Insektenordnungen Hautflügler, Käfer und Schmetterlinge bekannt und der Eiparasit *Trichogramma evanescens* (Chalcidoidea) hat es sogar auf 130

Insektenarten aus den sechs Ordnungen Wanzen, Pflanzensauger, Hautflügler, Käfer, Schmetterlinge und Netzflügler als Wirte gebracht.

Wenn eine Schlupfwespenart, wie das zumeist der Fall ist, in mehreren Generationen im Jahr auftritt, hat jede dieser Generationen ihr eigenes Wirtsspektrum. Zum Beispiel bildet der Puppenparasit *Ichneumon nigritarius* (Ichneumonidae) zwei Generationen im Jahr. Die Larve der ersten überwintert in ihrem Wirt, zumeist in der Puppe des Kiefernspanners, *Bupalus piniarius*. Doch ist sie auch in anderen dort überwinternden Puppenarten zu finden. Im Mai schlüpft die Wespe aus der Puppenhülle (= 1. Generation) und legt im Frühsommer ihre Eier in eine der zu dieser Zeit im Kiefernwaldboden ruhenden Puppenarten, vor allem in die Puppen des Heidekrautspanners, *Ematurga atomaria*, ab. Die daraus im Hochsommer hervorgehende Wespe (= 2. Generation) sucht dann im Herbst wieder nach überwinternden Puppen zur Eiablage.

Entwicklungsstadien

Die niederen Insekten wie Heuschrecken, Wanzen oder Blattläuse, durchlaufen nur drei Entwicklungsstadien: Ei, Larve, Vollinsekt. Bei den höheren Insekten wie Hautflügler, Käfer oder Schmetterlinge tritt zwischen Larve und Vollinsekt noch das Puppenstadium hinzu. Alle diese Stadien werden von den Schlupfwespen als Wirte gewählt, sie haben sich sogar innerhalb der Stadien als Jungei- oder Altei-, Junglarven- oder Altlarven- bzw. Jungpuppen- oder Altpuppen-Parasiten spezialisiert. Am häufigsten wird das Larvenstadium befallen, am seltensten die zumeist hart gepanzerten Vollkerfe. In den meisten Fällen begnügen die Wespen sich mit nur einem Wirtsstadium, sind also Ei-, Larven-, Puppen- oder Vollkerfparasiten. Nicht selten greift aber die Parasitenentwicklung über zwei oder mehr Wirtsstadien. So gibt es vor allem bei den größeren Schlupfwespen wie den Ichneumoniden, Ei-Larven- oder Larven-Puppen-Parasiten. Die Polygasteriden, die bei Gallmücken parasitieren, gehören zu den wenigen Schlupfwespen-Gruppen, die in ihrer Entwicklung drei Stadien: Ei, Larve und Puppe des Wirtes durchlaufen.

Körperteile

Wenn kleine Parasiten in sehr großen Wirten leben wie z.B. viele Würmer bei Säugetieren, haben sie sich zumeist als Magen-, Darm- oder Lungenwürmer auf bestimmte Körperteile (Organe) speziali- siert. Bei den Schlupfwespen dagegen, die in der Regel nicht wesentlich kleiner als ihre Wirte sind und den Wirtskörper während ihrer Entwicklung von innen oder außen völlig auffressen, kommt eine solche Bindung an Körperteile nicht vor. Immerhin sind einige Fälle zeitlich begrenzter Körperteilbindung bekannt geworden. Hierzu gehören die schon erwähnten (S. 21) Bethylidae, deren Larven Außenparasiten bei Raupen oder Käferlarven sind. Ihre Weibchen kleben ein befruchtetes (Weibchen bestimmendes) Ei an die Vorderbrust der Wirtslarve sowie ein unbefruchtetes (Männchen bestimmendes) Ei an deren Hinterbrust. Beide fressen von ihrer Position aus das Wirtsgewebe. Die Körperteilbindung der Eiablage steht hier, wie wir sahen, im Dienste der Fortpflanzung.

22. Einstich im Flug
     Eiablage in den Wirt

Bei den Schlupfwespen gibt es drei Formen der Eiablage: 1. in den Wirt hinein, 2. an den Körper des Wirts und 3. außerhalb des Wirtes. Die Gefährdung der abgelegten Eier durch feindliche Umwelteinflüsse ist bei der erstgenannten Abbgeform gleich 0, bei der zweiten erheblich und bei der dritten sehr groß. Entsprechend haben die Schlupfwespen sich ganz überwiegend für die Innen- Eiablage entschieden. Das Zahlenverhältnis der drei Eiablage- Formen liegt bei etwa 90:9:1.

Die uns hier zunächst interessierende Inneneiablage hat oft mit einer harten Oberfläche des Wirtes, vor allem wenn es sich um Eier,

Puppen und Vollkerfe handelt, zu kämpfen. Das Wespenweibchen ist daher genötigt, nach frisch abgelegten Wirtseiern oder gerade fertig gewordenen Wirtspuppen, deren Oberfläche noch nicht erhärtet ist, zu suchen. Bei den Vollkerfen mit einem harten Chitinpanzer sucht die Wespe nach weicheren Stellen. Sie findet solche in Form der häutigen Verbindungen (Intersegmentalhäute) zwischen den Segmentplatten. Beim Gros der Wirte, den Raupen und anderen Insektenlarven, gibt es dieses Problem nicht.

Pflanzengewebe, das sich in Form von Blattrollen, Stengelwänden oder Gallen zwischen dem Wirt und dem Parasiten befindet, bildet bei der Eiablage kein Hindernis. Viele Schlupfwespen haben sich auf solche versteckten Wirte spezialisiert wie die Arten der Gattung *Isostemma* (Proctotrupoidea), die in den Larven von Gallmücken (Itoniidae) im Inneren von Gallen parasitieren.

Findet der Parasit allerdings eine ihn vom Wirt trennende Holzschicht vor und besitzt (im Gegensatz zu den ektoparasitischen Ephialtinae, S. 70) kein zum Drillbohrer umgestaltetes Legerohr, wie das bei der parasitischen Gallwespe *Ibalia leucospoides* der Fall ist, die ihr Ei in Holzwespen- (Siricidae-) Larven hineinlegt, so ist ihr die Eiablage nur mit Hilfe eines Tricks möglich: sie spürt den feinen Sägekanal des Siriciden-Weibchens auf und lenkt durch diesen hindurch ihren Legebohrer zur Wirtslarve. Die *Ibalia*-Wespe lässt also einen anderen für sich bohren und nutzt damit nicht nur die Körpersubstanz, sondern auch die Arbeitskraft der Wirtsart aus (S. 70).

Eine Inneneiablage ohne Gebrauch des Legebohrers gibt es bei den Wegwespen (Pompilidae), denen wir noch einmal bei der Betrachtung des Diebstahl- (Klepto-) Parasitismus (S. 89) begegnen. Sie legen ihr Ei in eine gelähmte Spinne, während diese gerade von einer anderen Pompilidenart zum Nest geschleppt wird. Hierbei steckt die Diebswegwespe ihr Ei durch die Atemöffnung der Spinne in die darunter liegende Lunge, wozu kein Legestachel benötigt wird. Die bei diesem Vorgang offenbarten Kenntnisse der

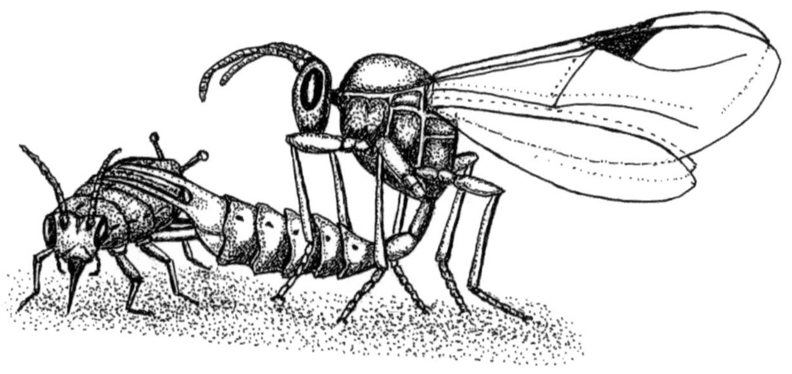

Abb. 17   *Trioxys angelicae* (Blattlauswespen, Aphidiidae), 3 mm;
Weibchen bei der Eiablage in eine Blattlaus; am
Hinterende: Haltegabel

Spinnenanatomie ist schon erstaunlich!

Bei der Eiablage sind sehr verschiedene Körperhaltungen der Schlupfwespe dem Wirt gegenüber beobachtet worden. Bei kleinen Wirten kann das ablegende Wespenweibchen über deren Körper stehen, bei größeren auf ihnen sitzen oder sie von der Seite bzw. von hinten her anstechen. In letzterem Fall ist die Wespe entweder vom Wirt abgewandt oder ihm zugewandt. Die Zuwendung geschieht durch Krümmen des Hinterkörpers unter dem Vorderkörper zwischen den Beinen hindurch (Abb. 17). Bei dieser vor allem für die Blattlauswespen (Aphidiidae) typischen Haltung kann der Parasit seine Eiablage mit den Augen verfolgen.

Für die Annäherung an den Wirt und den Einstich des Eies kann die Schlupfwespe sich bei wenig beweglichen (Raupen) (Abb. 15B) oder gar unbeweglichen Wirten (Eier, Abb., Puppen) Zeit lassen. Bei sich schnell bewegenden Wirtstieren dagegen muss alles blitzschnell gehen. Zum Beispiel hat *Pachylomma cremieri* (Ichneumonidae) sich ausgerechnet die Larven von Ameisen, darunter jene unserer Roten Waldameise, als Wirte gewählt. Da die Wespe ‚weiß’, dass sie nie und nimmer lebend in ein Ameisennest gelangt, wartet sie geduldig darauf, dass einmal eine Ameise eine Larve ihrer Art aus dem Nest herausträgt etwa zu einem Zweignest, wo Larven fehlen. In diesem Augenblick stürzt das *Pachylomma*-Weibchen auf die transportierte Larve zu und legt blitzschnell im Flug ein Ei in sie hinein.

23. Ins Gras gebissen
Eiablage an den Wirt

Wenn wir die zwei Grundformen des Schlupfwespen-Parasitismus von der Eiablage aus betrachten, gehört zum Innen- (Endo-)parasitismus die Ablage in den Wirt hinein und zum Außen- (Ekto-)parasitismus die Ablage außen am Wirt. Doch sind die Grenzen nicht immer klar. Es gibt eine Reihe von Fällen, wo die Wespe ihr Ei zwar an den Wirt anklebt, jedoch die daraus schlüpfende Larve in den Wirt eindringt und in ihm endoparasitisch lebt.

Als Beispiel hierzu seien die Zikadenwespen (Dryinidae) genannt. Ihre Wirte, Zikaden, sind sehr bewegliche Tiere, die bei der geringsten Störung wegspringen. In Anpassung daran entwickelte das Dryniden-Weibchen zwei Hilfsmittel: einen Greifapparat an den Vorderfüßen (Abb. 3B) zum Festhalten des Opfers sowie einen Giftstich, der eine kurze Betäubung hervorruft. Das Ei wird unter dem Flügelgelenk angeklebt, wo die Zikade es mit ihren Beinen nicht erreichen kann. Die das Ei verlassende Larve dringt in den Körper der Zikade ein.

Dass zur Eiablage an einem quicklebendigen Wirt nicht unbedingt eine Greifzange nötig ist, zeigt die Erzwespe *Elasmosoma berolinense*, die, wie der Name sagt, erstmals bei Berlin gefunden wurde. Sie stürzt sich im Flug auf eine Ameise und heftet ihr Ei an. Die Eilarve bohrt sich in die Ameise ein und lebt als Innenparasit. Die parasitierte Ameise klettert, wenn sie ihr Ende nahen fühlt, an einem Grashalm hoch, beißt sich an ihm fest und stirbt in eigenartig erstarrter, vom Halm senkrecht abstehender Haltung. Man kann

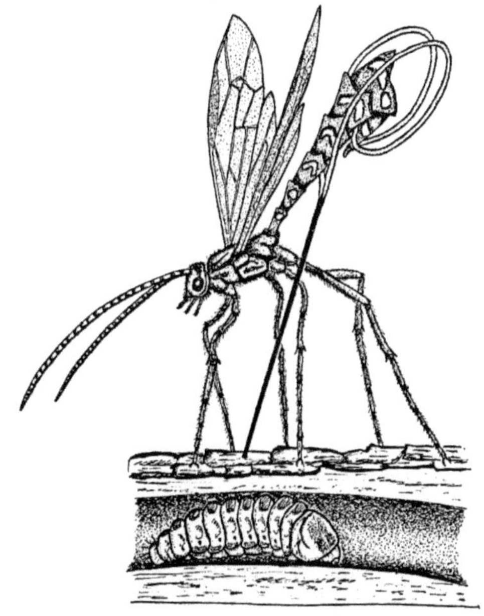

Abb. 18 Riesenschlupfwespe *Megarhyssa* spec. (Ichneumonoidea), 70 mm, bei der Eiablage an eine Holzwespen- (Siricidae-) Larve

solche buchstäblich ins Gras beißenden Ameisen bereits in einiger Entfernung an den Grashalmen erkennen. Aus der toten Ameise schlüpft die erwachsene Parasitenlarve, lässt sich zu Boden fallen und spinnt einen Kokon, in dem sie sich verpuppt.

Das Gros der außen am Wirt abgelegten Eier entlässt jedoch ektoparasitisch lebende Larven. Der Gefahr, dass diese, auf dem Wirt sitzend, von Umwelthindernissen abgestreift werden, baut die Mutter-Schlupfwespe vor, indem sie fast ausschließlich Wirte wählt, die in Erdröhren, Kokons, Gespinsten und anderen Hohlräumen geschützt liegen und die sie außerdem noch durch einen Giftstich bewegungsunfähig macht. Dadurch bekommt die außenparasitische Larve eine „lebende Konserve" vorgesetzt, von der sie ungestört zehren kann.

Um im Inneren von Holz zu den dort fressenden Larven von Holzinsekten zu gelangen, setzen manche Schlupfwespen-Weibchen ihren ganzen Körper ein wie die Bethylide *Scleroderma domesticum*, die den Larven der Pochkäfer (Anobiidae) nachspürt. Wie wir sahen (S. 24), hat sie sogar Ihre Körpergestalt an diese Tätigkeit angepasst. In Erdgängen sucht die große Dolchwespe (*Scelio* spec.) nach ihrem Wirt, dem Engerling des Nashornkäfers. Die sogenannten Spinnenameisen (Mutillidae) benötigen dagegen keine vorgegrabenen Gänge. Sie wühlen sich zu den unterirdischen Nestern von Falten-, Weg- und Grabwespen durch das kompakte Erdreich hindurch. Vor einem Sonderproblem stehen die großen Arten der Gattungen *Ephialtes* und *Rhyssa* (Ichneumonidae), die ihre Eier an die im Holzinneren lebenden Larven von Holzwespen und Bockkäfern ankleben. Sie müssen eine oft mehrere Zentimeter dicke Holzschicht durchbohren, um zum Wirt zu gelangen. Zu diesem Zweck ist ihr bis zu vier Zentimeter langes Legerohr zu einem Drillbohrer umgestaltet. Das eigentliche Legerohr-Bohrgerät ist von zwei Schutzklappen umgeben, die beim Bohrvorgang zurückgeklappt werden (Abb. 18). Der senkrechte Einstich des langen Bohrers ist nur möglich, weil die große Wespe ihren Hinterleib nach oben streckt und in Verbindung mit den sehr langen Beinen den nötigen Raum schafft. Sobald der Bohrer etwa 10 Millimeter tief in das Holz versenkt ist, beginnt die Wespe ihren Körper mit Trippelschritten um den Drillbohrer zu drehen, womit ihr ganzer Körper zum Bohrer wird.

Nicht immer nimmt die in einem Hohlraum steckende Wirtslarve die Lähmung durch einen Giftstich mit anschließender Eibelegung ohne Gegenwehr hin. Zu einem Kampf auf Leben und Tod kommt es zwischen *Methoca ichneumonoides* (Methocidae) und der Larve eines Fluglaufkäfers der Gattung *Cicindela*. Letztere sitzt im obersten Teil einer senkrechten Erdröhre, steckt den Kopf heraus und lauert auf vorüberkommende Beute. Das flügellose, ameisenähnliche *Methoca*-Weibchen greift die Käferlarve an (Abb. 19) und wird dabei in der Regel von deren großen Kieferzangen gepackt. Die Wespe aber ist besonders schlank gebaut und stark gepanzert

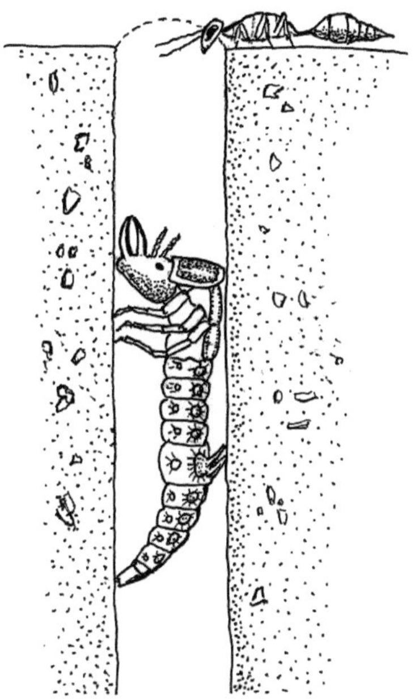

Abb. 19   *Methoca ichneumonides* (Ichneumonoidea), 6 mm, vor dem Angriff auf eine in der Erdröhre lauernde *Cicindela* (Sandlaufkäfer) Larve

und wird daher von den Zangen der räuberischen Larve meist nicht verletzt. In dieser fast aussichtslos erscheinenden Lage biegt die Wespe ihren Hinterleib zur Kehle der Käferlarve und bringt dort ihren Giftstich an. Sofort gibt die *Cicindela*-Larve die Wespe frei, die nun tiefer in die Röhre kriecht und von unten her noch mehrmals Gift in ihr Opfer injiziert. Dann legt sie ein Ei an die gelähmte Larve, die, ihrem Gewicht folgend, in den untern Teil der Erdröhre rutscht. Von dieser „lebenden Konserve" kann nunmehr die *Methoca*-Larve als Außenparasit zehren.

Abschließend sei noch eine Eiablage unter besonderen Umständen erwähnt, nämlich unter Wasser. Als Wirt fungiert eine Larve der Köcherfliegen (Trichoptera), die in einem von ihr gefertigten Schutzköcher aus Pflanzen oder anderen Teilen unter Wasser lebt. Ihr

Gegenspieler ist die Schlupfwespe *Agriotypus armatus* (Ichneumonoidea). Diese steigt bis zu 30 Zentimeter Tiefe an Wasserpflanzen hinab, wobei ihr Körper sich mit einem silbernen Mantel aus kleinen Luftblasen umgibt. Ihr Ei legt sie an eine frisch gebildete Köcherfliegenpuppe ab. Das Hauptproblem für die an der Puppe als Außenparasit zehrende Wespenlarve ist natürlich die Atmung unter Wasser. Wie sie dieses Problem löst, werden wir im Kapitel „Larvenentwicklung" (S. 77) erfahren. Nach der Eiablage lässt das Wespenweibchen sich wieder an die Wasseroberfläche treiben.

24. Verschluckte Eier
Eiablage abseits vom Wirt

Wie erwähnt (S. 72), gibt es nur relativ wenige Fälle, wo das Wespenweibchen ihr Ei weder in das Wirtstier versenkt noch es außen an den Körper anheftet, sondern es abseits vom Wirt ablegt. Diese Fälle können wir wieder zu zwei Gruppen zusammenfassen: Eiablage in Höhlen oder Fraßgängen sowie auf Blättern.

Zur ersten Gruppe gehört die Goldwespe *Chrysis dichroa*, die in einem leeren Schneckenhaus, das von der Biene *Osmia rufihirta* bewohnt ist, in eine von dieser hergestellten Brutzelle ihr Ei deponiert und zwar genau zu dem Zeitpunkt, wo die Zelle noch offen und die Biene auf Nahrungsvorratssuche unterwegs ist. In der Brutzelle befinden sich nach Rückkehr der Biene und Schließung der Zelle: ein Wirtsei, ein Parasitenei sowie ein Pollen- und Honigvorrat für die Wirtslarve. Beide Larven schlüpfen etwa gleichzeitig aus ihrem Ei. Die Bienenlarve frisst vom Futtervorrat, die Wespenlarve aber wartet, bis die Bienenlarve größer geworden ist. Dann beginnt sie diese von außen her zu verzehren.

Weitere Beispiele einer Eiablage in Höhlen abseits vom Wirt finden wir bei den Riesenschlupfwespen vornehmlich der Gattungen *Ephialtes* und *Rhyssa*, die, wie bereits erwähnt, mit ihrem langen Legerohr-Drillbohrer ihr Ei durch das Holz hindurch an eine

Holzwespen- oder Bockkäferlarve ablegen. Unmittelbar vor der Eiablage lähmen sie die Wirtslarve durch eine Giftinjektion. Nicht selten reagiert die Wirtslarve auf den Giftstich mit einer kurzen Flucht, so dass das nachfolgende Parasitenei nicht auf der Wirtslarve, sondern ein Stück hinter ihr auf dem Boden des Fraßgangs landet. Die aus dem Ei schlüpfende Wespenlarve kriecht dann zu der gelähmten Wirtslarve und verzehrt sie von außen als „lebende Konserve".

In beiden genannten Fällen der Höhlen-Eiablage vereinigen sich für den Parasiten zwei Vorteile: Erstens besteht für seine Larve kein Risiko, einen Wirt zu finden, und zweitens sind Ei und Larve in der Höhle geschützt. Daher haben diese Schlupfwespenarten auch eine auffallend niedrige Eizahl.

Die andere Form der Abseits-Eiablage besteht im Anheften der Eier an Blätter in der Erwartung, dass sie entweder von blattfressenden Wirtslarven (zumeist Raupen) mit der Nahrung verschluckt werden oder die aus den Eiern schlüpfenden Larven sich an vorüberkriechende Wirte anklammern.

Bisher ist erst ein Fall von Eiablage an Blättern im Hinblick auf das Verschlucktwerden der Eier bekannt und zwar bei *Pseudogonalos hahni* (Trigonalidae). Hier legt das Weibchen die winzigen Eier an die Unterseite von Blättern, die verschiedenen Raupenarten zur Nahrung dienen. Aus diesen „wartenden Eiern" schlüpfen auf dem Blatt keine Larven, sondern erst dann, wenn sie von einer Raupe verschluckt wurden. Selbst wenn bei der Eiablage sich geeignete Wirtsraupen in der Nähe befinden, ist für *P. hahni* die Wahrscheinlichkeit einer erfolgreichen Parasitierung sehr gering, denn es sind in der Raupe zwei schwierige Hürden zu überwinden: Zum einen schlüpft die *P. hahni*-Larve nur, wenn die Ei-Oberfläche von den Mandibelzähnen der Raupe verletzt wird. In Eiern mit intakter Oberfläche sterben die Schlupfwespenlarven ab. Und zum anderen kann eine geschlüpfte Larve nur weiterleben, wenn sie in der Raupe eine primärparasitische Schlupfwespenlarve vorfindet, in deren Körper sie sich als Sekundärparasit entwickeln kann.

In einigen anderen Fällen der Eiablage auf Blättern spekuliert die Schlupfwespe darauf, dass ihre den Eiern entschlüpften Larven sich an einen vorüberkriechenden Wirt anheften können. Zu diesem Zweck sind die Larven gut beweglich gestaltet. Wir finden solche „lauernden Larven" bei *Perilampus tristis* (Chalcidoidea), einem Parasiten der Kiefernwickler-Raupen sowie auch bei *Eucharis ascendens* und einigen verwandten Eucharitidae als Parasiten von Ameisenlarven und -puppen, zu denen sie sich von den Ameisen hintragen lassen. Wie wir sahen, kompensieren diese an Ameisen gebundenen Schlupfwespen ihr besonders hohes Existenzrisiko mit riesigen Eizahlen, die bis zu 15 000 pro Weibchen erreichen können.

25. Vererbter Speiseplan
Larvenentwicklung: Nahrung und Atmung

Nach der Eiablage am oder im Wirt beginnt die Entwicklung der Larve zunächst im Ei. Die hierfür benötigten Nährstoffe sind normalerweise im Ei gespeichert. Lediglich bei Arten mit sehr vielen, sehr kleinen Eiern enthalten diese keine Nährstoffe, sondern müssen sich solche erst im Wirt besorgen. Sie tun das, indem sie flüssige Körpersubstanz des Wirtes aufsaugen und dabei ihr Gewicht, z.B. bei *Perilitus rutilus* (S. 55), bis zum 1200fachen des Ausgangsgewichts vergrößern.

Es wurde schon erwähnt, dass das Schlupfwespenweibchen seine Eier nicht wahllos in oder an den Wirtskörper ablegt, sondern mit Hilfe seiner Legebohrer-Sinneszellen bestimmte Körperteile aussucht, an denen die dem Ei entschlüpfende Larve sogleich mit dem Verzehren des richtigen Gewebes beginnen kann. Das sind zunächst Fettzellen und Körperflüssigkeit (Hämolymphe) und erst später andere Gewebe und Organe in bestimmter Reihenfolge. Dieser erblich festgelegte Speiseplan, mit dem die Schlupfwespenlarve während ihrer Entwicklung den Wirt am Leben erhält, bildet gerade das stärkste Argument für die Aufnahme der Schlupfwespen (und -fliegen) in den Kreis der Parasiten. Wie „ausgeklügelt" muss der Speiseplan der *Ibalis leucospoides*-Larve im Körperinneren einer *Sirex*-Holzwespenlarve sein, wenn sie zwei bis drei Jahre für ihre Entwicklung benötigt und während dieser langen Zeit ihren Wirt am Leben lässt.

Ein Wirt, z.B. eine Raupe, bietet der von seiner Körpersubstanz fressenden Parasitenlarve eine bestimmte Nahrungsmenge von bestimmter Qualität. Von beiden Komponenten, Menge und Qualität, hängen sowohl die Größe als auch die Entwicklungszeit des Parasiten ab. Hier sei zunächst die Parasitengröße betrachtet, die Entwicklungszeit folgt im nächsten Kapitel.

Wir lernten schon den häufigen *Ichneumon nigritarius* kennen, dessen Weibchen im Kiefernwaldboden die Puppen mehrerer Schmetterlingsarten mit Eiern belegt. In der Abb. 20 ist dargestellt, wie die Größe der geschlüpften *Ichneumon*-Wespen in eindeutiger Beziehung zur Größe der Puppen- (Schmetterlings-)art steht, welcher sie entstammen. Bei den drei genannten Puppenarten kann die Nahrungsqualität für die *Ichneumon*-Larve als gleich gelten, so dass allein die Nahrungsmenge (Puppengröße) die Parasitengröße bestimmt.

In anderen Fällen besitzen aber unterschiedliche Wirtsarten für die parasitische Wespenlarve verschiedene Nahrungsqualität. So sind zum Beispiel die aus den Raupen der Palpenmotte *Halyedra gossypii* (Gelechiidae) schlüpfenden Wespen von *Habrobracon gelechiae* größer als jene, die aus den gleich großen Raupen der nahe verwandten Motte *Dichocrocis punctiferalis* schlüpfen. In diesem Fall entscheidet nicht die Menge, sondern die Qualität der Nahrung über die Größe der Parasiten.

Wenn wir uns die Wirtslisten (Wirtsspektren) von Schlupfwespenarten ansehen, fällt uns auf, dass manche Wirtsarten von einer Parasitenart bevorzugt werden, während andere weniger von

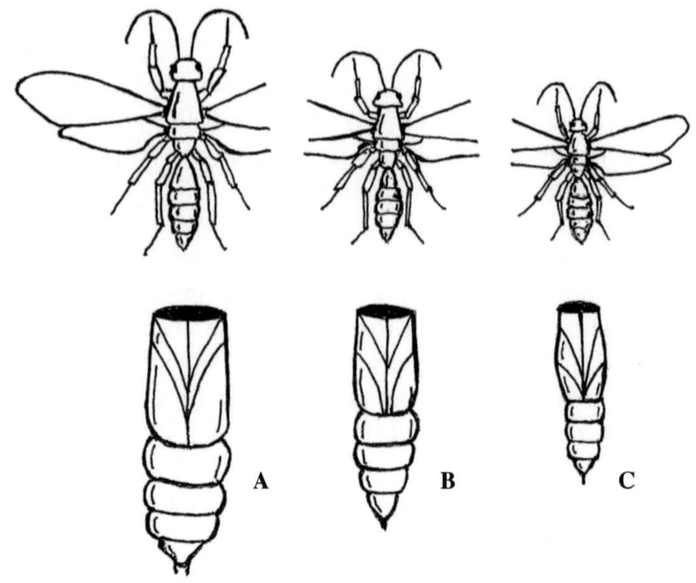

Abbe 20   Abhängigkeit der Schlupfwespengrösse von der Wirts-
(hier: Puppen-) grösse. *Ichneumon nigritarius* aus
A. Forleulen-Puppe, Wespe 18 mm;
B. Kiefernspanner-Puppe, 14 mm; C. Heidekrautspanner
puppe, 10 mm

dieser befallen sind. Das heißt, in den meisten Fällen führt die Wirtssuche das Parasitenweibchem zum optimalen Wirt mit der besten Nahrungsqualität. Andere Weibchen haben nicht das Glück und müssen mit einem Notwirt vorlieb nehmen, in dessen Körper sich die Larven zwar noch fertig entwickeln, aber meist kleinere Wespen ergeben.

Abschließend zur Parasitennahrung sei noch der für den Wirt bedeutsame Umstand erwähnt, dass die parasitische Larve während ihrer ganzen Entwicklung ihren Mitteldarm gegen den Enddarm verschlossen hält, um durch ihren Kot nicht den Wirt zu beeinträchtigen. Erst die verpuppungsreife Larve stellt die Verbindung zwischen beiden Darmteilen her und entlässt den angesammelten Kot.

Nun zur Atmung. Die Schlupfwespenlarve stellt aus dem Wirtsgewebe durch chemischen Umbau eigene Körpersubstanz her. Für diesen Prozess benötigt sie Sauerstoff, den sie durch Atmung gewinnt. Grundsätzlich atmen die Insekten mit Hilfe eines Systems von Luftröhren (Tracheen), die mit der Außenluft durch Atemöffnungen (Stigmen) in Verbindung stehen. Das geschieht auch bei den außen am Wirt fressenden (ektoparasitischen) Schlupfwespenlarven. Entsprechend ist ihr Tracheenatmungssystem voll entwickelt. Anders bei den im Wirtsinneren (entoparasitischen) Wespenlarven. Sie sind von der Körpermasse des Wirtes umgeben und haben ihr Tracheenatmungssystem teilweise oder völlig zurückgebildet. Eine teilweise Rückbildung finden wir bei solchen Arten, deren Larven sich entweder eine Verbindung durch das Gewebe des Wirtes hindurch zur Außenluft offen halten, wie dies bei den älteren Larven der Zikadenschlupfwespen (Dryinidae)

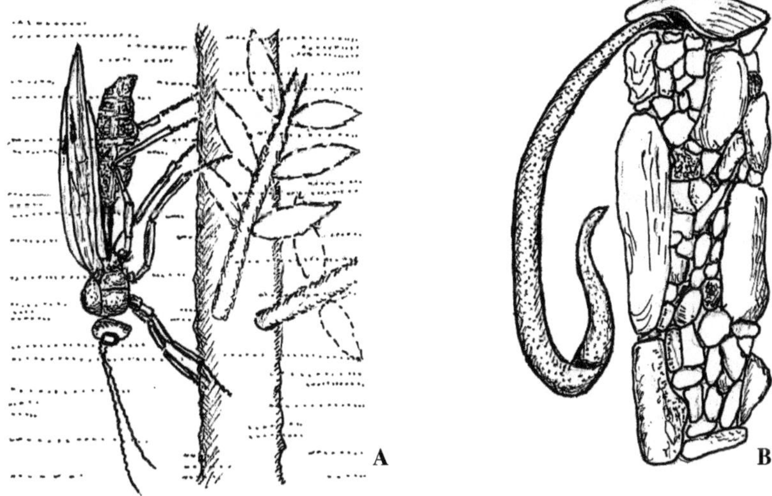

Abb. 21   *Agriotypus armatus* (Ichneumonoidea) 7 mm;
A. Weibchen steigt an Wasserpflanze hinab auf der Suche nach einem Trichopteren-Köcher mit Puppe;
B. Aus dem parasitierten (aus Steinchen gebildeten) Köcher ragt ein von der Wespenpuppe gebildetes Atemband heraus

der Fall ist oder bei solchen, die das Luftröhrenatmungssystem ihres Wirtes anzapfen. In beiden Fällen ist anzunehmen, dass neben dieser partiellen Luftröhrenatmung noch eine partielle Hautatmung existiert.

Vollständig rückgebildet ist das Tracheenatmungssystem bei den Eiparasiten und den sekundär und tertiär parasitierenden Arten, d.h. bei den Entoparasiten von Entoparasiten. Sie sind völlig zur Hautatmung übergegangen.

Ein Unikum in Bezug auf die Atmung bildet die bereits erwähnte unter der Wasseroberfläche bei den Puppen von Köcherfliegen (Trichoptera) parasitierende *Agriotypes armatus* (Agriotypidae, Ichneumon.). Hier steigt das Wespenweibchen an Wasserpflanzen hinab (Abb. 21) und sucht ein Köcherfliegenhaus, in dem sich eine frische Puppe befindet. An deren Hinterleib legt es ein Ei und lässt sich dann passiv wieder zur Wasseroberfläche treiben. Die Wespenlarve frisst außenparasitisch im Gehäuse der Köcherfliege an deren Puppe und besorgt sich dabei ihren Atmungs-Sauerstoff, indem sie ein etwa 2 mm breites und bis 30mm langes Band spinnt, das den im Wasser gelösten Sauerstoff aufnimmt (Abb. 21). An dem Heraushängen eines solchen Atembandes lässt sich schon von Weitem erkennen, in welchen Köcherfliegenhäusern eine *Agrio-types*-Larve parasitiert.

26. Larven messen Tageslänge
    Larvenentwicklung: Zeit

Nicht nur die soeben betrachtete Körpergröße des Parasiten ist von der Menge und Qualität der Wirtskörpermasse abhängig, sondern auch seine Entwicklungszeit. Das beruht darauf, dass die parasitische Larve zum Fressen eines größeren Wirtstieres längere Zeit benötigt als für ein kleineres. Bei den in Abb. 20 genannten drei Schmetterlingspuppenarten im Kiefernwaldboden hat demgemäß der bei allen dreien parasitierende *Ichneumon nigritarius* in der größten

Puppe (Forleule) die längste und in der kleinsten Puppe (Heidekrautspanner) die kürzeste Entwicklungszeit unter der – hier gegebenen – Voraussetzung, dass die Qualität der Wirtskörpersubstanz für den Parasiten gleich ist. Das Verhältnis kann sich umkehren, wenn bei den Wirten unterschiedliche Körpersubstanz-Qualitäten vorliegen, denn höhere Qualität bedeutet – bei gleicher Masse – eine kürzere Entwicklungszeit. So benötigt die bereits (S. 75) erwähnte Brackwespe *Microbracon gelechiae* für ihre Entwicklung in der Raupe von *Platyedra gossypii* 10 Tage, dagegen in der Raupe der verwandten *Dichocrocis punctiferalis* unter sonst gleichen Bedingungen 15 Tage. Trotz naher Verwandtschaft der beiden Mottenarten hat *Platyedra* für den Parasiten einen höheren Nahrungswert als *Dichocrocis*. Als weiteres Beispiel sei die eiparasitische Erzwespe *Trichogramma cacoeciae* genannt, die sich in Mehlmotten- *(Ephestia-)* Eiern wesentlich schneller entwickelt als in Wachsmotten- *(Galleria-)* Eiern.

Die vorstehenden Beispiele betrafen sämtliche Einzel- (Solitär-) Parasiten. Bei Herden- (Gregär-)Parasiten, die sich zu mehreren bis vielen in einem Wirtstier entwickeln, kommt als weiterer die Entwicklungszeit beeinflussender Faktor die Zahl der pro Wirt fressenden Parasitenlarven hinzu. So benötigen z.B. 20 Larven einer gregären Schlupfwespe, etwa einer *Apanteles*-Art, in einer Raupe eine längere Fraß- und Entwicklungszeit als 40 Larven, denn letztere zehren den Wirtskörper schneller auf. Dafür ergeben sie dann allerdings auch kleinere Vollkerfe.

Soviel über die Entwicklungszeit des Parasiten in Abhängigkeit von Menge und Qualität seiner Nahrung. Nun fehlt uns noch die Beziehung zwischen den beiden Entwicklungszeiten des Wirtes und des Parasiten.

Wenn, wie in den meisten Fällen, die Schlupfwespe sich schneller als ihr Wirt entwickelt, gibt es für sie zwei Möglichkeiten: Entweder bildet sie mehr Generationen im Jahr als ihr Wirt und benötigt dafür mehrere aufeinanderfolgende Zwischenwirte oder sie verlängert ihre Generationsdauer in Anpassung an jene des Wirtes. Im zweiten Fall erreicht sie die Verlängerung der Entwicklung durch das Einschieben einer hormonell geregelten Ruhepause (Diapause).

Sehen wir uns als Beispiel die Ichneumonide *Diplazon fossarius* an, einen Parasiten von Schwebfliegen (Syrphidae). Das Wespenweichen legt sein Ei in eine Schwebfliegen-Junglarve. Die aus dem Ei schlüpfende parasitische Wespenlarve begibt sich gleich zu Anfang ihrer Entwicklung in eine Diapause, die so lange anhält, bis die Fliegen- (Wirts-)larve im Herbst ihr Puppengehäuse bildet, sich darin verpuppt und als Puppe überwintert. In dieser Puppe beginnt die Schlupfwespenlarve im Spätherbst ihre Weiterentwicklung, verpuppt sich ihrerseits und verlässt das Schwebfliegen-Puparium im Frühjahr als fertige Wespe zeitgleich mit den nicht parasitierten Schwebfliegen.

Komplizierter wird es für die diapausierende Schlupfwespe, wenn auch ihr Wirt in seinen Entwicklungsgang eine hormonelle Diapause einschiebt. Das sieht dann so aus, dass von einer Wirtspopulation nur ein Teil zum normalen Zeitpunkt schlüpft, während der andere Teil „überliegt" und später die Puppen verlässt. Bei Schmetterlingen z.B. kommt ein Überliegen von Raupen und Puppen um einige Monate oder ein Jahr ziemlich häufig vor. Meister des Überliegens sind aber die Buschhornblattwespen (*Diprion* spp.), deren Ruhelarve im Kokon bis zu 5 Jahren überliegen kann. Eine in Kokons im Kiefernwaldboden überwinternde *Diprion*-Population könnte beispielsweise zu 30% normal im Frühjahr und zu weiteren 20% im Sommer, sodann zu 15% und 10% im Frühjahr und Sommer des folgenden Jahres usw. schlüpfen, bis nach 5 Jahren die gesamte Population aus den Puppen heraus ist. Der biologische Sinn wird darin gesehen, dass auf diese Weise vermieden wird, dass alle zur gleichen Zeit schlüpfenden Tiere in (vor allem klimatisch) ungünstige Umweltkonstellationen geraten. Wie zu erwarten, macht eine in der überliegenden Wirtspopulation parasitierende Schlupfwespenart die Diapausen mit, schlüpft also in ebenso vielen Schüben wie ihr Wirt. Ein solches Verhalten ist deshalb zu erwarten, weil sich die hormonelle Entwicklungssteuerung des Parasiten an jene des Wirtes gekoppelt hat, wodurch auch die Entwicklungspausen synchron verlaufen.

Im Prinzip sind die Diapausen von Wirt und Parasit auf das gleiche Ziel gerichtet: die Nachkommen auf möglichst fördernde Umweltverhältnisse treffen zu lassen, was im Fall der Parasiten heißt: alle Angebote von Wirtstieren auszunutzen.

Erstaunen erregten Beobachtungen, wonach einige winzige Eiparasiten aus der Familie Mymaridae irgendwann im Herbst darüber entscheiden, ob sie im betreffenden Jahr noch aus den Wirtseiern schlüpfen oder in ihnen überwintern, wobei sie ihrer Entscheidung die Tageslichtlänge zugrunde legen. Überschreitet das Tageslicht einen bestimmten Wert, bedeutet das für die im Ei befindliche Mymaridenlarven, sich zu verpuppen und Wespen zu bilden, da dann die Jahreszeit noch ausreicht, um eine neue Parasiten-Generation in anderen Eiern zu entwickeln. Es ist dabei zu bedenken, das hier winzige blinde Maden im Inneren von Wirtseiern die Tageslichtlänge auf noch unbekannte Weise messen.

27. Blattlaus-Ballons
     Verpuppung und Kokonbildung

Sobald die Schlupfwespenlarven erwachsen sind, verpuppen sie sich entweder in einem selbstgesponnenen Kokon oder als freie Puppe im Inneren des toten Wirtes bzw. neben seinem Körper. Von den vier Hauptgruppen der Schlupfwespen verpuppen sich die großen und mittleren Arten der Ichneumoniden und Braconiden in der Regel in Kokons, während die kleinen Chalcididen und Proctotrupiden freie Puppen bilden.

Die Schlupfwespenkokons sind nach Form, Farbe und Struktur sehr verschieden. Die größeren Einzelkokons sind häufig gefleckt

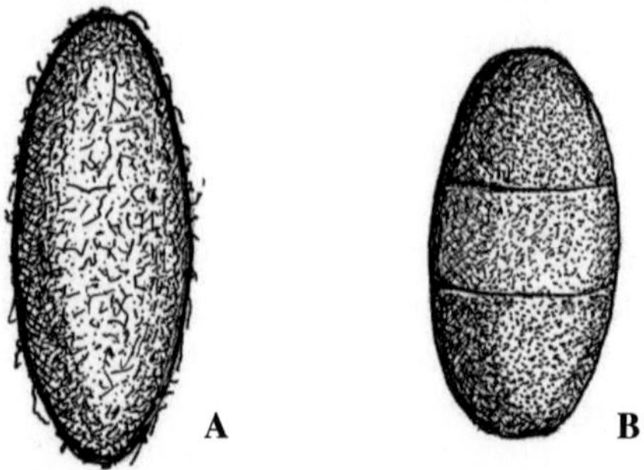

Abb. 22   Zwei Ichneumonidae-Kokons aus Forleulenpuppen:
A. *Banchus femoralis*, 16 mm;
B. *Enicospilus ramidulus*, 12 mm

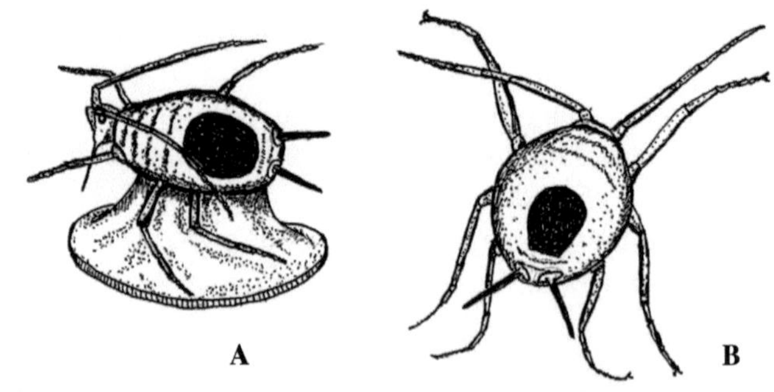

Abb. 23   Von Blattlausschlupfwespen (Aphidiidae) verlassene tote
(„aufgeblasene") Blattläuse , Wespen 2,5 mm;
A. *Praon* spec., Verpuppung in Sockelgespinst;
B. *Diaeretus* spec.

oder gebändert (Abb. 22). Dagegen sind die kleinen in Gruppen
auftretenden Braconiden-Kokons fast immer einfarbig weiß oder
gelb. An Hand des Kokons lässt sich oft schon die Gattung oder gar
die Art der Schlupfwespe bestimmen. Zum Beispiel schlüpfen aus
einer ausgefressenen Raupe des Kohlweißlings, *Pieris brassicae*,
bis zu 50 verpuppungsreife Larven der Braconide *Apanteles glome-*
ratus, die auf den Resten der Raupe auffällige längliche, schwefel-
gelbe Kokons spinnen. Im Volksmund werden sie irrtümlich

„Raupeneier" genannt und vernichtet. Hingegen stellt eine verwandte Art, *Apanteles congestus*, deren Wirtsraupen auf verschiedenen Krautpflanzen leben, ein weißes Gemeinschaftsgespinst her, in welchem die gleichfalls weißen Einzelkokons stecken. Das Ganze sieht aus wie ein Wattebausch, der auf der grünen Wiese schon von weitem sichtbar ist. Wiederum ganz andere Puppenkokons verfertigen die Arten der Gattung *Meteorus* (Braconidae). Ihre Kokons hängen als braunrote tropfenförmige Gebilde zu mehreren nebeneinander an bis zu 15 Zentimeter langen Fäden von einem Zweig herab und pendeln beim leisesten Luftzug hin und her. Ihre Form und ihr „Fadenschweif" führten zu dem Gattungsnamen *Meteorus*.

Von zahlreichen Schlupfwespen wird bei der Kokonbildung die Haut des toten Wirtes mit verwendet. Besonders auffällig ist das bei den Blattlauswespen, Aphidiidae. Sie dehnen die Hülle der ausge-

FOTO **b**) Schlupfwespenlarven der Gattung *Eulophus* (Chalcidoidea), die tote Wirtsraupe verlassen haben und strahlenförmig umgeben, bei der Umwandlung in Mumien-Puppen

fressenen Blattlaus ballonförmig aus und versteifen sie mit einem Sekret. Das ergibt die inmitten von Blattlauskolonien leicht erkennbaren ballonförmigen toten Blattläuse, aus denen die Schlupfwespen sich durch ein typisch geformtes Loch herausarbeiten (Abb. 23). Eine Ausnahme machen die Arten der Gattung *Praon*, die sich nicht in der Blattlaus, sondern unter deren Hülle in einem sockelförmigen Kokon (Abb. 23) verpuppen.

Die Kokons bieten den Schlupfwespenpuppen einen idealen Schutz. Aber auch viele Arten mit kokonlosen Puppen schaffen sich einen Schutz dadurch, dass sie im Inneren der toten Wirte verbleiben. Verpuppen sie sich in manchen Fällen ungeschützt auf oder neben der Hülle des toten Wirtes, so handelt es sich stets um kleine, stärker gepanzerte Puppen, deren Entwicklung bis zur schlüpfenden Wespe nur wenige Tage dauert. Auffällig sind hier die *Eulophus*-Arten (Chalcidoidea), deren Mumienpuppen sich strahlenförmig um die Wirtsraupenhülle herum an der Unterseite eines Blattes anheften (FOTO b).

Einen besonderen Schutz genießen die bis zu 3000 Stück in einer Wirtsraupe durch Polyembryonie (S. 42) entstandenen freien Puppen der Encyrtidae (Chalcidoidea): Sie sind sehr flach geformt und liegen wie aufgeschichtete Dachziegel auf der Hülle der ausgefressenen Raupe (Abb. 12).

28. Zwanzig Generationen im Jahr
    Generationszahl, Wirtswechsel

Alle Entwicklungsstadien einer Tierart, also bei den Insekten: Ei, Larve, Puppe und Vollkerf, fügen sich zu einer Generation zusammen. Wir sahen, dass die Entwicklung vom Ei bis zum Vollkerf bei größeren Schlupfwespen häufig ein Jahr dauert. Diese Arten haben somit eine Generation im Jahr, sie sind univoltin. Die längste reguläre, d.h. nicht durch Wirtsdiapausen (S. 80) verlängerte Entwicklung bei Schlupfwespen wurde bisher bei der mit den

Gallwespen verwandten *Ibalia leucospoides* festgestellt, deren Wirte die Larven von Holzwespen (Siricidae) sind. Sie macht die 2- bis 3-jährige Entwicklungszeit ihres Wirtes mit, und man fragt sich, wie sie es schafft, über mehrere Jahre hinweg vom Körper der Wirtslarve zu zehren, ohne deren Leben vorzeitig zu beenden!

Das andere Extrem bilden die Trichogrammatidae und andere in Insekteneiern parasitierende winzige Schlupfwespen. Zur Entwicklung ihrer vier Stadien benötigen sie nur 6 bis 7 Tage. Sie sind somit nicht univoltin (einjährig) wie die großen Schlupfwespen, sondern uniheptomal (einwöchig) und könnten, rechnerisch betrachtet, mehr als 20 Generationen vom Frühjahr bis zum Herbst vollenden. Was sich daraus theoretisch für eine Gesamt-Nachkommenzahl ergibt, ist unvorstellbar. Doch bleibt diese Betrachtung eben nur theoretisch. Denn es müssten die jeweils geschlüpften Weibchen sofort geeignete Insekteneier in ausreichender Zahl als Wirte finden, was schon deshalb nicht zu verwirklichen ist, weil gerade Insekteneier eine besonders hohe Sterblichkeit (unbefruchtet, trocken-/feuchtempfindlich, Krankheiten, Eiräuber) aufweisen. So sorgt schon die Natur dafür, dass die Vermehrung der Eiparasiten nicht in den Himmel wächst.

Zwischen den beiden genannten Extremen steht die Mehrheit der Schlupfwespenarten, die je nach Witterung 2 bis 3 Generationen im Jahr aufweisen.

Mehrere Generationen heißt aber zugleich auch mehrere Wirtsarten zu verschiedenen Jahreszeiten. Innerhalb derselben Jahreszeit unterscheidet man unter den Wirten einer Schlupfwespenart den Hauptwirt mit der stärksten Parasiterungsquote von den Nebenwirten mit geringeren Quoten. Jene Wirtsarten, die im Jahresverlauf von einer 2., 3. oder x-ten Generation des Parasiten befallen werden, heißen Zwischenwirte. Auch bei ihnen setzt sich jede Generation wieder aus einem Hauptwirt und in der Regel mehreren Nebenwirten zusammen. Wir werden noch sehen, dass die Stabilität eines Ökosystems wesentlich von dessen Reichtum an Schlupfwespen-Wirten abhängt.

29. Der Spinne stinkt es
Abwehreinrichtung

Im Verlauf der Evolution hat sich zwischen den Wirtstieren und den parasitischen Wespen ein System gegenseitiger Abwehreinrichtungen entwickelt, das, insgesamt betrachtet, zugunsten der Parasiten ausfiel. Denn es gibt von ihnen in Europa 16 000 (bisher bekannte) Arten, welche die pflanzenfressenden Insekten auf einem so niedrigen Niveau halten, dass die Existenz der Pflanzenwelt und der von dieser abhängigen Tierwelt sowie auch des Menschen gewährleistet ist (S. 10).

Beginnen wir unsere Betrachtung mit den mechanischen Abwehreinrichtungen, die vor allem für die den Wirt mit Eiern belegenden Schlupfwespenweibchen von Bedeutung sind. Die von ihnen zur Eiablage angegriffenen Wirtstiere wehren sich mit ihren Greiffüßen und Kiefernzangen, z.T. auch ihrem Giftstachel. Die Parasiten setzen demgegenüber ihre Schnelligkeit, Wendigkeit sowie Härte und Glätte ihres Hautpanzers ein. Wenn z.B. eine Goldwespe (Chrysididae) in die Höhle einer solitären Biene eindringt, um dort ihr Ei bei einer Bienenlarve unterzubringen (S. 21), stürzt die Biene sich auf sie, um sie mit den Kiefernzangen und dem Giftstachel zu töten. Das gelingt ihr aber nicht, da die Goldwespe sich zu einer Kugel zusammenrollt (Abb. 11), an deren stark gepanzerter Oberfläche die Angriffe abprallen. In ähnlicher Weise versucht die von der Scelionide *Methoca ichneumonoides* (S. 71) im oberen Teil ihrer Erdröhre angegriffene Fluglaufkäfer- *(Cicindela-)*Larve den Eindringling zu packen und zu töten. Die *Methoca*-Wespe ist aber so schnell und wendig, dass sie in der Regel siegt und die Käferlarve mit ihrem Stich lähmen kann.

Die zweifellos wichtigsten Abwehrwaffen bei Wirt und Parasit sind jedoch chemischer Art. Das beginnt mit Abwehrgerüchen, die von manchen Schlupfwespen, z.B. von den Goldwespen (Chrysididae) produziert werden. So kann man beobachten, dass sich Spinnen von den in ihren Netzen gefangenen Goldwespen offensichtlich angewidert abwenden.

Die wichtigste der chemischen Abwehrwaffen bei den Schlupfwespen ist jedoch die Giftdrüse, die bei den Leg-Schlupfwespen mit dem Legebohrer und bei den Stachel-Schlupfwespen mit dem Giftstachel in Verbindung steht. Bei den ersteren handelt es sich um eine sekundäre Drüse, die mit der primären Giftdrüse der Stachelwespen nicht identisch ist. Sie kann wahlweise isoliert oder zusammen mit der Eiablage eingesetzt werden. Das Gift der Stachelwespen wirkt wesentlich stärker als das der Legwespen. Es ist daher nicht empfehlenswert, eine Stachelschlupfwespe wie etwa eine Dolchwespe (Scelionidae), Spinnenameise (Mutillidae), Wegwespe (Pompilidae) oder Grabwespe (Sphecidae) in die Hand zu nehmen. Ihr Stich ist dem der gemeinen Wespe (Vespidae) vergleichbar.

Die Hauptbedeutung des Giftstiches liegt darin, dass mit seiner Hilfe das Wirtstier, meist eine Insektenlarve, durch eine mehr oder weniger lange anhaltende Lähmung abwehrunfähig gemacht und ruhig gestellt wird. Im Fall einer dauernden Lähmung bildet sie für die parasitische Wespenlarve eine „lebende Konserve".

Aus dem vorstehend Dargestellten ist zu ersehen, dass mechanische Abwehreinrichtungen beiden Kontrahenten zugute kommen, während die chemischen Waffen in Form von Stink- und Giftdrüsen die Parasiten begünstigen. Eine dritte Gruppe von Abwehreinrichtung betrifft biologisch-physiologische, hormonell regulierte Mechanismen. Es sind die Abkapselung der Parasiteneier und die Schutzhäutung bei den Wirtstieren. Wie nicht anders zu erwarten, sind aber die Parasiten dabei, Mechanismen zu entwickeln, um diese Schutzmaßnahmen zu durchbrechen.

Die Eiabkapselung besteht darin, dass Blutzellen des Wirtes sich um das eingedrungene Parasitenei legen und dieses von der Umwelt abkapseln und zum Absterben bringen. Jedoch liegen Beobachtungen vor, dass auch abgekapselte Eier gesunde Wespenlarven entlassen können. Man führt dieses Versagen der Abkapselung darauf zurück, dass die Schlupfwespen-Weibchen ihrerseits ein Gegenmittel gegen die Schutzzellen des Wirts entwickelten und zwar in Form eines Sekrets, mit dem jedes Ei bei der Ablage überzogen wird. Die Einzelheiten sind noch unbekannt. Doch ist der Gesamtvorgang wohl mit dem Kampf des Immunsystems gegen Krankheitserreger beim Menschen vergleichbar. Für diese Deutung spricht auch eine interessante Beobachtung, wonach die Eiablage der Ichneumonide *Mesoleius niger* während der Häutungsperiode des Wirtes, der Larve der Farnblattwespe *Strongylogaster* spp. erfolgreicher war als zwischen den Häutungen. Die kräftezehrende Häutung bedeutet ohne Zweifel eine Schwächung des Immunsystems des Wirtes und so können wir uns vorstellen, dass hier die Schlupfwespe mit ihrer Eiablage auf die für sie günstige Häutungsperiode des Wirtes wartet, während welcher ihren Eiern die geringste Gefahr der Abkapselung droht.

Die andere Form der Vernichtung von Parasiteneiern durch den Wirt besteht in der Häutung der Wirtslarve, bei der an die Haut angeheftete Parasiteneier mit „weggehäutet" werden. Ob dieser unter anderen bei Speckkäferlarven (Dermestidae) näher beobachtete Vorgang nur kurz vor der normalen Häutung oder auch außerhalb dieser ausgelöst werden kann, bedarf noch der Klärung. Die Weghäutung von Parasiteneiern wird uns noch einmal bei den Schlupffliegen begegnen, wo sie eine weit größere Bedeutung als bei den Schlupfwespen hat.

30. Mutter parasitiert bei Kindern
Auto-, Klepto-, Arbeitsparasitismus

Im Vorangegangenen lernten wir an vielen Beispielen die Grundformen des Schlupfwespen-Parasitismus kennen: Ento- (Innen-) und Ekto- (Außen-)parasitismus mit ihren Ausprägungen als Solitär- (Einzel-) und Gregär- (Herden-)parasitismus sowie Primär- (Erst-) und Hyper- (Über-)parasitismus, letzten als Sekundär- (Zweit-) und Tertiär- (Dritt-)parasitismus. Auch von

Multi- (Mehrarten-) und Super- (Überbelegungs-)parasitismus war die Rede. In unseren letzten beiden Abschnitten über die Schlupfwespen seien noch einige bisher nicht oder nur kurz erwähnte Nebenformen des Schlupfwespen-Parasitismus kurz betrachtet, nämlich Auto-, Klepto-, Arbeits-, Transport- und Hemiparasitismus. Hier zunächst die ersten drei Formen.

Der **Auto- oder Selbstparasitismus** ist dadurch gekennzeichnet, dass die Parasitenlarve in einer Larve ihrer eigenen Art lebt. Als Beispiele seien vor allem die in Schildläusen (Coccoidea) parasitierenden Larven einer Reihe von Aphelinidae (Chalcidoidea) genannt, die von den weiblichen Wespen ihrer eigenen Art – auch von ihrer eigenen Mutter – mit männchenbestimmenden Eiern belegt werden, womit die aus diesen Eiern schlüpfenden männlichen Larven Hyperparasiten ihrer eigenen Art sind. Da der Autoparasitismus bei dieser Schlupfwespengruppe konstant auftritt, also keinen Zufall bildet, fragen wir uns nach dem Sinn einer solchen Vernichtung von Artangehörigen. Eine Erklärung könnte sein, dass bei ihnen die Weibchen stark in der Überzahl sind und daher mit Hilfe der Selbstparasitierung den Männchenanteil erhöhen.

Der **Klepto- oder Diebstahlparasitismus** findet sich bei den Schlupfwespen in mehreren Varianten. Seine Grundform ist immer die gleiche: Wegnahme des Wirtstetiers. Die Erreichung dieses Zieles ist bei der großen Ichneumonide *Pseudorhyssa sternata* besonders schwierig. Sie parasitiert bei im Holzinneren fressenden Holzwespen- (Siricidae-) Larven, besitzt jedoch keinen Bohrapparat, um ihr Ei durch das Holz hindurch an die Wirtslarve zu bekommen. Sie ist daher auf die Vorarbeit der mit ihr verwandten *Rhyssa persuasoria* angewiesen, die ebenfalls Siriciden-Larven parasitiert, jedoch einen Drillbohrer-Legeapparat besitzt. Der Kleptoparasit *(Pseudorhyssa)* beobachtet den regulären Parasiten *(Rhyssa)* bei der Eiablage und benutzt anschließend dessen Bohrkanal, um die bereits mit einem *Rhyssa*-Ei belegte Wirtslarve seinerseits mit einem Ei zu belegen. Von den aus diesen beiden Eiern schlüpfenden Schlupfwespenlarven ist die *Pseudorhyssa*-Larve die stärkere. Sie tötet die

Rhyssa-Larve und verwendet die Siriciden-Larve als Wirtstier. Der Kleptoparasitismus kommt hier dadurch zum Ausdruck, dass das *Rhyssa*-Weibchen zuerst die Wirtslarve aufsuchte und mit einem Ei belegte und damit dieses Wirtstier in Besitz nahm. Daher bedeutet die Inbesitznahme der Wirtslarve durch das *Pseudorhyssa*-Weibchen einen Diebstahl und sogar noch mehr: Sie stellt nach menschlichem Verständnis einen Raubmord dar.

Ganz anders sieht der Kleptoparasitismus bei Wegwespen (Pompiloidea) und Grabwespen (Sphecidae) aus. Unter den Wegwespen, die alle als Wirte gelähmte Spinnen zu ihrem Nistort tragen, lauern vor allem Arten der Familie Ceropalidae den Transporttieren auf, um im Kampf mit ihnen – den sie fast immer gewinnen – die transportierte Spinne mit ihrem Ei zu belegen, und zwar durch die Atemöffnung hindurch in die „Fächerlunge" der Spinne. Im Nest, in welchem die gelähmte Spinne (lebende Konserve) von der Transport-Pompilide deponiert wird, findet dann ein Kampf zwischen den beiden aus den Eiern geschlüpften Wespenlarven statt, den die Kleptoparasiten-Larve stets gewinnt. Am weitesten ist die Pompiliden-Kleptomanie bei solchen Arten gediehen, die fertige Erdnester von anderen Pompiliden aufgraben, um ihr Ei an die dort lagernde gelähmte Spinne zu legen, um sodann das Nest wieder zu verschließen.

Auch unter den Grabwespen (Sphecidae) gibt es Kleptomanen. So haben sich die zu dieser Familie gehörigen *Nysson*-Arten darauf spezialisiert, in das geschlossene Erdnest von *Gorytes*-Arten einzudringen und das dort mit einem *Gorytes*-Ei belegten Wirtstier, eine gelähmte Zikade, mit ihrem zusätzlichen Ei zu belegen. Wieder zieht dabei die angestammte *Gorytes*-Larve den kürzeren.

Beim **Arbeitsparasitismus** nutzt das zwecks Eiablage nach einem Wirtstier suchende Schlupfwespenweibchen die Arbeitsleistung eines anderen Insekts ohne Gegengabe aus. Als Beispiel diene der im vorhergehenden Kapitel genannte Kleptoparasit *Pseudorhyssa sternata*, der die verwandte *Rhyssa persuasoria* für sich arbeiten lässt.

Letztere Art besitzt einen Bohrapparat und verschafft damit der bohrerlosen *Pseudorhyssa* Zugang zu der im Holzinneren fressenden Holzwespenlarve. Während hierbei eine Schlupfwespenart an der Arbeitsleistung einer anderen partizipiert, lässt die gleichfalls bohrerlose Schlupfwespe *Ibalia leucospoides* (Cynipoidea) eine andere Insektenart, nämlich die Wirtsart, eine Holzwespe (Siricidae), für sich bohren bzw. sägen. Die Siricide sägt mit ihrem Stichsägeblatt einen feinen Kanal ins Holz und leitet durch diesen hindurch ihr Ei. Die *Ibalia*-Schlupfwespe besitzt so feine Sinnesorgane, dass sie diesen Stichkanal aufzuspüren vermag und ihn benutzt, um ihr Ei in die inzwischen entstandene Wirtslarve abzulegen.

31. Nehmen wir uns einen Hund?
Transport- und Halbparasitismus

Der **Transportparasitismus** unter Tieren lässt sich durch einen Witz kennzeichnen: Es treten zwei Flöhe aus dem Bahnhofsportal. Fragt der eine: „Laufen wir oder nehmen wir uns einen Hund?" Im Ganzen betrachtet, ist natürlich der gesamte Schlupfwespen-Parasitismus ein Ernährungsparasitismus, der mit einem Transport-parasitismus gekoppelt ist, denn die parasitische Larve lässt sich stets von einem anderen Gliederfüßer, in oder an dessen Körper sie sich befindet, herumtragen. Doch kann man den Begriff auch einengen und nur den Transport einer Schlupfwespe oder eines ihrer Entwicklungsstadien außerhalb der Fraß- und Entwicklungs-periode des Parasiten verstehen.

Bei einigen Eucharitidae-Arten (S. 26) betätigen sich die freileben-den Larven als Transportparasiten. Hier legt das Wespenweibchen seine Eier an Blättern ab. Die daraus schlüpfenden beweglichen Larven klammern sich an vorüberkommende Ameisen an und lassen sich von ihnen zum Ameisennest tragen, wo sie ihre Ernährungswirte, die Ameisenlarven, finden.

Als Vollinsekt macht die Scelionide *Mantibaria manticida* (S. 61) vom Transportparasitismus Gebrauch. Transporttier ist die als „Gottesanbeterin" bekannte Fangschrecke *Mantis religiosa*, die in Süd- und Südosteuropa verbreitet ist und auch im südwestlichsten Teil Deutschlands vorkommt. Sobald das Schlupfwespen-*(Mantibaria-)*Weibchen eine Gottesanbeterin gefunden hat, heftet sie sich an deren Brust und wirft ihre Flügel ab. Sie „reitet" nun so lange auf der Fangschrecke, bis diese ein Eipaket ablegt. Bezüglich des weiteren Verlaufs siehe S. 61.

Der **Halb- (Hemi-)parasitismus** schließlich zeigt den Übergang von Schlupfwespenarten von der parasitischen zur vegetarischen Ernährung. Es gibt auch rein vegetarische Schlupfwespen, doch bilden sie eine kleine Minderheit von kaum 100 der 12 500 europäischen Schlupfwespenarten. Ihre bekannteste Gruppe sind die 15 in Europa in den Samen von Nadelhölzern lebenden Arten der Gattung *Megastigmus* (Chalcidoidea). Sie und die anderen Vollvegetarier gehören nicht zum Gegenstand unserer Betrachtungen. Wohl aber erregen einige Schlupfwespen unser Interesse, die sich auf halbem Wege zum Vegetarismus befinden. Die meisten dieser Halbparasiten, etwa zwei Dutzend Arten, gehören zur Gattung *Gasteruption* (Evanoidea). Ihre zwei deutschen Namen „Hungerwespen" und „Gichtwespen" beruhen auf typischen Vermenschlichungen. Der erste Name weist auf den schmalen kleinen Hinterleib (Abb. 2A) und der zweite Name auf die auffällige Verdickung an den Hinterbeinen. Die *Gasteruption*-Larve verzehrt zunächst als Außenparasit die Larve einer einzeln (solitär) lebenden Biene und geht danach zum Vorrat an Pollen und Nektar über, den die Bienenmutter für ihre Larve anhäufte.

Bei den Eurytomidae (Chalcidoidea) verwandeln sich ebenfalls die Larven einiger Arten während ihrer Entwicklung zu Vegetariern. Die *Eurytoma parvi*-Larve lebt zuerst innerhalb eines Weizenhalmes außenparasitisch bei der zur gleichen Familie gehörenden aber rein pflanzenfressenden Weizenhalmwespe *Harmolita tritici*. Nachdem sie deren Larve verzehrt hat, ernährt sie sich von Gewebe des Weizenhalms. In die gleiche Familie gehört *Syntomaspis eury-*

tomae. Sie legt ihr Ei durch das Gewebe einer unreifen Pflaume in den Kern an die dort vegetarisch lebende Larve von *Eurytoma amygdalis* ab. Sobald sie diese Larve aufgefressen hat, geht sie zum Fraß des Pflaumenkerngewebes über. In beiden soeben genannten Fällen schmarotzt also eine Schlupfwespenlarve ektoparasitisch bei einer zur gleichen Familie gehörenden anderen Art. Jedoch zählt sie trotzdem nicht zu den Hyperparasiten, denn es sind hier nicht zwei parasitisch lebende Arten im Spiel, sondern jeweils ein Parasit und ein Pflanzenfresser.

32. Die Schlupfwespe schläft
   Ausklang

Die vielen Einzelheiten, die wir in den vorangegangenen 31 Kapiteln kennenlernten, können nicht darüber hinwegtäuschen, dass die

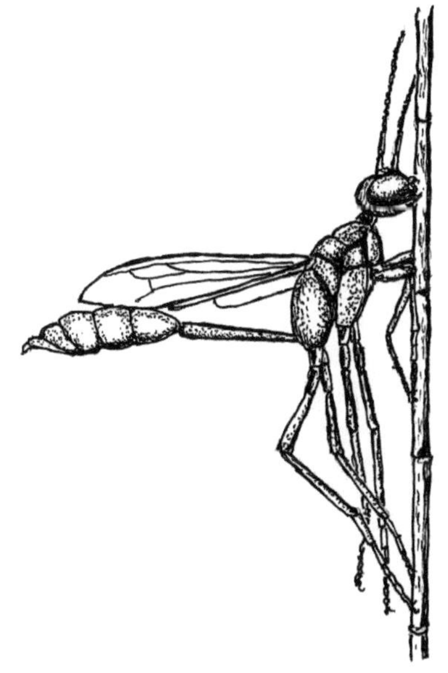

Abb. 24   *Ammophila* spec. (Grabwespen, Sphecidae), 15 mm, in Schlafstellung

Lebens- und Verhaltensweise der allermeisten Schlupfwespenarten erst sehr bruchstückhaft bekannt ist. Hauptgründe hierfür sind die Kleinheit und Verborgenheit dieser Tiere und nicht zuletzt die Schwierigkeiten bei der Bestimmung ihrer Artzugehörigkeit. So bildet denn diese sehr artenreiche, biologisch-ökologisch hochinteressante und wirtschaftlich sehr bedeutende Insektengruppe weiterhin ein dankbares Feld für künftige Forschungen. Es seien nur einige wenige, auf die Vollkerfe beschränkte, offene Fragen genannt, die es für jede einzelne Art zu beantworten gilt: Gibt es eine Bindung an bestimmte Blüten (Blütenstetigkeit) oder an bestimmte Insekten (Ernährungsanstich) oder an Art und Menge des Blattlaus-Honigtaues? Wo, wie lange und wie oft erfolgt die Kopulation? Ist die Zahl der Nachkommen von der Kopulation abhängig? Welche Faktoren spielen bei der Partner- und Wirtswahl eine Rolle? Wie sieht die Körperreinigung aus (s.u.)? Wo und wie schlafen sie? Fragen über Fragen, die sich beliebig vermehren lassen und deren eingehendere Betrachtung in diesem Buch nicht möglich war.

Es sei hier nur auf das Putzverhalten hingewiesen. Wie bei allen Insekten spielt die regelmäßige Reinigung vor allem der Fühler, Augen, Mundgliedmaßen und Flügel auch bei den Schlupfwespen eine gewichtige Rolle. Bisher weiß man, dass das Putzen art- und gruppenspezifisch ist und nach einem genauen Putzplan abläuft.

Auch das Schlafen ist eine art- oder gruppenspezifische Angelegenheit. Als Ausklang unserer Betrachtung der Schlupfwespen sei gezeigt, wo und in welcher Stellung die männlichen Grabwespen (Sphecidae) übernachten. Eigenartigerweise nur sie, nicht die Weibchen, versammeln sich, manchmal zu Hunderten, an besonderen Zweigen oder Pflanzenteilen, die sie Abend für Abend wieder aufsuchen, um an ihnen in eigenartiger Schlafstellung mit waagerecht abgespreiztem Hinterkörper (Abb. 24) die Nacht zu verbringen. Bei anderen Schlupfwespen ist ein ähnliches Schlafverhalten noch nicht beobachtet worden.

III. Schlupffliegen

33. Dasselbe Ziel
Schlupfwespen und -fliegen

Es ist schon erstaunlich, dass zwei so unterschiedliche Insektengruppen wie die Wespen und die Fliegen zum Parasitismus bei
anderen Insekten übergegangen sind. Zwischen beiden Gruppen
bestehen große Unterschiede im Körperbau sowie in der
Physiologie, Biologie und Verhaltensweise.

So sind die Wespen mit ihren vier relativ empfindlichen Flügeln
nur mäßige Flieger. Sie besitzen harte Stech- und Bohrwerkzeuge,
die in feste pflanzliche oder tierische Gewebe – bei Insekten auch
durch deren Panzer – eindringen können. Ihre Körpergröße weist
die enorme Spanne von 0,17 bis 70 mm (1:412) auf, so dass sie die
unterschiedlichsten ökologischen Nischen besetzen können. Ihr
Parasitismus entwickelte sich, wie die larvalen Mundwerkzeuge
zeigen, aus der räuberischen Lebensweise. Demgegenüber finden
wir bei den Fliegen nur ein Paar Flügel, die zusammen mit dem zu
„Schwingkölbchen" umgewandelten zweiten Paar einen Hoch-
leistungsflug ermöglichen. Der Legeapparat der Fliegen besteht aus
einem weichen Legerohr, das in der Regel in fremde feste Gewebe
nicht eindringen kann. Die Körpergröße der parasitischen Fliegen
ist relativ eng begrenzt (2 bis 20 mm = 1:10), so dass die Ausnutzung ökologischer Nischen weitaus geringer ist als bei den parasitischen Wespen. Ihr Parasitismus entwickelte sich aus der
Saprohagie, also dem Fraß abgestorbener organischer Substanz.
Noch heute lebt ein großer Teil der Fliegen (Aas-, Fleisch- u.a.
Fliegen) saprophytisch.

Zwei sehr unterschiedliche Insektengruppen wählten also in der
Entwicklung und Lebensweise den gleichen Weg: den Parasitismus
bei anderen Insekten (bzw. Gliederfüßern). Wie überall im Tierreich,
führte auch bei ihnen die Anpassung an die gleichen Bedingungen

zur Entstehung gleicher Strukturen in Körperbau und Leistungen, ein Vorgang, der als Konvergenz bekannt ist. Das Paradebeispiel einer Konvergenz ist die verblüffende äußere Ähnlichkeit zwischen einer Maulwurfsgrille (Insekt) und einem Maulwurf (Säugetier) auf Grund ihrer weitgehend gleichen Lebensweise.

Stellt man die Artenzahlen und Körpergrößen der Schlupfwespen und Schlupffliegen gegenüber, scheint es einleuchtend, dass die 12 500 sehr verschrieden großer Schlupfwespenarten eine stärkere Vielfalt der Lebensweise entwickelt haben als die 1000 in einem mittleren Größenbereich angesiedelten Schlupffliegenarten. Doch sieht das Bild anders aus, wenn wir die Bedeutung der beiden Gruppen für den Naturhaushalt vergleichen. Da gibt es eine Reihe von schädlichen Insektenarten, vor allem Schmetterlinge, die in unseren Feldern und Wäldern zu Massenvermehrungen gelangen und das ganze Ökosystem schwer in Mitleidenschaft ziehen. Hier spielen parasitische Fliegen dank ihrer größeren Robustheit und Vermehrungskraft oft eine wichtigere regulatorische Rolle als Schlupfwespen.

34. Spalt- und Deckelschlüpfer
Schlupffliegen

Die Schlupffliegen gehören zu den Zweiflüglern (Diptera), die mit rund 12 000 europäischen Arten nach den Hautflüglern, Hymenoptera (16 000 Arten) die zweitgrößte Insektenordnung bilden. Wie ihr Name sagt, besitzen sie nur zwei Flügel im Gegensatz zu den anderen geflügelten Insekten, die vierflügelig sind. Die Zweiflügler treten in zwei grundverschiedenen Typen auf, als schlanke Mücken mit langen Fühlern und Beinen (UOrdnung Nematocera, 3600 europäische Arten = 30%) und als gedrungene Fliegen mit kurzen Beinen und Fühlern (UOrdnung, Brachycera, 8400 Arten = 70%). Nur die zweitgenannte Unterordnung, die Fliegen, die in Europa rund 1000 bei Gliederfüßern parasitierende Arten enthalten, interessieren uns in diesem Buch

2. Unterordnung : Fliegen (Brachycera).
Sie gliedert sich auf Grund des unterschiedlichen Schlüpfens der Fliege aus dem Puppenkokon in 2 Sektionen.

1. Sektion: Spaltschlüpfer (Orthorrhapha), niedere Fliegen. Die fertige Fliege verlässt den Puppenkokon durch einen Längsspalt. Larve mit ganz oder teilweise erhaltener Kopfkapsel. Puppe frei (Käfertyp, s.u.) 3600 Arten = 30% der Dipteren in 16 Familien, davon 3 parasitisch (Schlupffliegen) bei Gliederfüßern:

Fam. Netzfliegen (Nemestrinidae). Name nach dem netzförmigen Geäder der Flügelspitzen. Eiablage an Nadelhölzern; Larven lassen sich zu Boden fallen und parasitieren Larven und Puppen von Käfern. 8–12 mm. 15 Arten.

Fam. Spinnen- oder Kugelfliegen (Cyrtidae). Mit kugeligem Körper und kleinem Kopf. Wirte: Spinnen, die von den Fliegenmaden angesprungen werden. Eier sehr klein, in großer Zahl (s.u.), 4–8 mm. 35 Arten (Abb. 31).

Fam. Hummelfliegen oder Wollschweber (Bombyliidae). (Abb. 25) Hummelähnlich lang behaart. Primär- und Sekundärparasiten bei anderen Insekten. Artenreichste Familie der Spaltschlüpfer. 4–12 mm. Ca. 150 Arten.

2. Sektion: Deckelschlüpfer (Cyclorrhapha), höhere Fliegen. Die fertige Fliege verlässt den Puppenkokon durch eine bogenförmige Bruchstelle. Larve ohne Reste von Kopfkapseln. Puppe mumienförmig (Schmetterlingstyp, s.u.) in kahn- oder tönnchenförmigem Puparium, das aus der Haut des letzten Larvenstadiums gebildet ist. 6 Familien mit 850 europäischen Schlupffliegenarten, von denen rund 500 auf die Fam. Tachinidae, Raupenfliegen, entfallen.

Fam. Buckel- oder Rennfliegen (Phoridae). Nur 2 bis 3 mm große

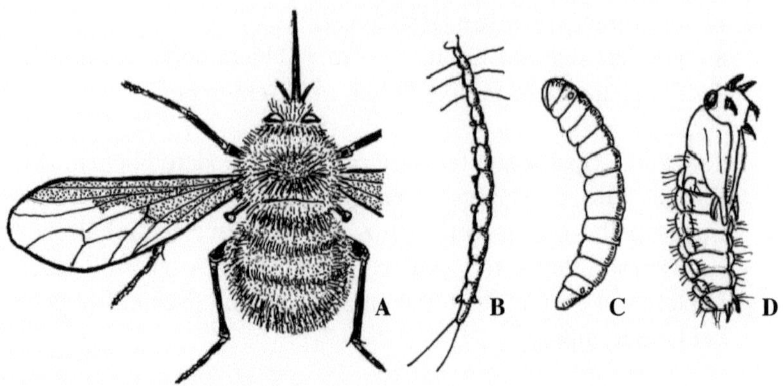

Abb. 25 Hummelfliegen, Wollschweber (Bombyliidae).
A. *Bombylius major*, 12 mm;
B. *Bombylius minor* Junglarve, 2,5 mm, Pollenesser;
C. Altlarve, 7 mm, Ektoparasit bei Solitärbienen;
D. *Bombylius* spec. Puppe, 12 mm.

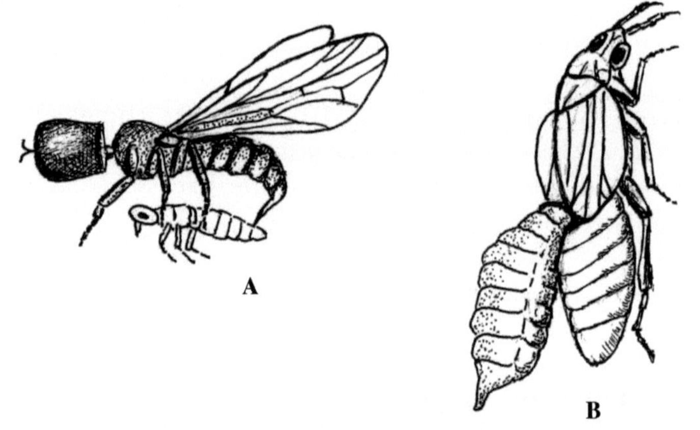

Abb. 26 *Pipunculus chlorionae* (Augenfliegen, Pipunculidae).
A. Weibchen, 4 mm, Eiablage im Flug in eineZikadenlarve;
B. Altlarve, 5 mm, verlässt die erwachsene, ausgefressene
Zikade

Fliegen mit buckeliger Brust (Thorax). Fortbewegung ruckweise rennend. Puparium kahnförmig. Von mehreren hundert europäischen Arten mit vornehmlich saprophager (Faulstoff-) Ernährung ca. 70 Arten parasitisch bei Insekten.

Fam. Augenfliegen (Pipunculidae) (Abb. 26). Kopf sehr groß mit riesigen Facettenaugen. Legerohr erhärtet zwecks Inneneiablage in Zikaden. Puparium tönnchenförmig. 3–4 mm. Ca. 30 Arten.

Fam. Schildlausfliegen (Cryptochaetidae). Ca. 2 mm kleine gedrungen Fliegen mit großem Brustabschnitt (Abb. 28). Larven und tönnchenförmige Puparien mit schlauchartigen Anhängen unbekannter Bedeutung (Abb. 27). Larven und Puparien in Schildläusen. 5 Arten.

Fam. Dickkopffliegen (Conopidae). Mit auffallend großem Kopf. Puparium tönnchenförmig. 4–20 mm. Hierher die größten Schlupffliegenarten. Alle 75 Arten parasitisch bei Geradflüglern und Hautflüglern.

Fam. Schmeißfliegen (Calliphoridae), davon UFam. Fleischfliegen (Sarcophaginae) (Abb. 28) mit 160 Arten Insektenparasiten sowie die ausschließlich bei Landasseln parasitierende UFam. Asselfliegen (Rhinophorinae) mit 10 Arten. Familie sehr artenreich vom Typ der Stubenfliege. Oft metallisch gefärbt. Überwiegend Kot- und Aasfresser jedoch mit deutlicher Tendenz zum Parasitismus einerseits bei Regenwürmern, Schnecken und Wirbeltieren (z.B. Kröten), andererseits bei Insekten und anderen Gliederfüßern.

Fam. Raupenfliegen, Schlupffliegen in engerem Sinne (Tachinidae). Auch sie repräsentieren den Typ „Stubenfliege". Hinter dem Rückenschild (Scutellum) mit starkem, unbehaarten Wulst. Flügel mit Spitzenquerader. 6 bis 13 mm. Puparium tönnchenförmig. Rein parasitische Familie mit 500 euro-

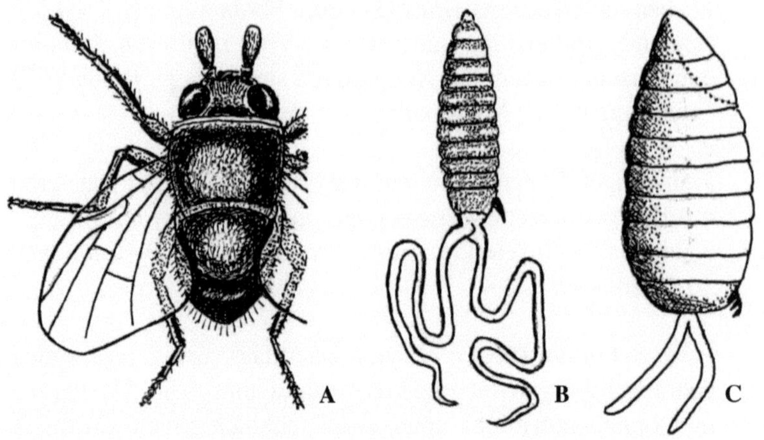

Abb. 27 *Cryptochaetum grandicorne* (Schildlausfliegen, Cryptochaetidae)
A. Weibchen, 2 mm,
B. Erwachsene Larve;
C. Puparium, je 2mm, Schlüpfstelle: punktierte Linie

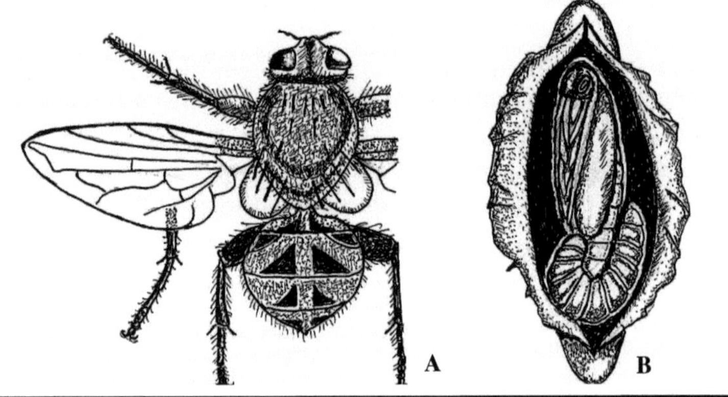

Abb. 28 Schmeissfliegen (Calliphoridae),
A. *Stomorhina lunata*, 9 mm, Parasit bei Heuschreckeneiern;
B. *Agria mamillaria*, Larve (10 mm) ektoparasitisch an *Yponomeuta*-Puppe, Puppenkokon aufgeschnitten

päischen Arten, also ebenso vielen wie alle anderen 8 Schlupffliegen-Familien zusammen. Von hoher ökologischer und wirtschaftlicher Bedeutung. Gliederung in 4 Unterfamilien.

UFam.: Raupenfliegen i.e.S. (Exoristinae). Vor allem in Raupen. 250 Arten.

UFam.: Borstenfliegen (Echinomyinae). Stark beborstet. Wirte: diverse Insekten. 120 Arten.

UFam.: Engerlingsfliegen (Dexiinae), Vor allem in Bodenkäferlarven. 80 Arten.

UFam.: Wanzenfliegen (Phaniinae). In der Hauptsache bei Wanzen. 50 Arten.

Insgesamt leben somit in Europa parasitisch bei anderen Gliederfüßern 3 Familien der Spaltschlüpfer (Orthorhapha) mit 150 Arten sowie 6 Familien der Deckelschlüpfer (Cyclorhapha) mit 850 Arten, davon 500 Arten der Fam. Raupenfliegen (Tachinidae). Im Gegensatz zu den Schlupfwespen, deren bekannte Artenzahl in Europa sich in den kommenden Jahren noch erheblich vergrößern wird, ist bei den Schlupffliegen keine wesentliche Zunahme der Artenzahl mehr zu erwarten.

35. Rotierende Kolben
Körperbau der Fliege

Schlupfwespen und Schlupffliegen haben als Parasiten anderer Gliederfüßer eine grundsätzlich gleiche Lebensweise, doch sind sie im Körperbau und in den Leistungen sehr verschieden.

Das Vollinsekt, die Fliege, ist im Gegensatz zu der schlanken, langbeinigen und langfühlerigen Schlupfwespe von ovaler, plumper Gestalt mit kurzen Beinen und Fühlern. Die Fühler bestehen nur

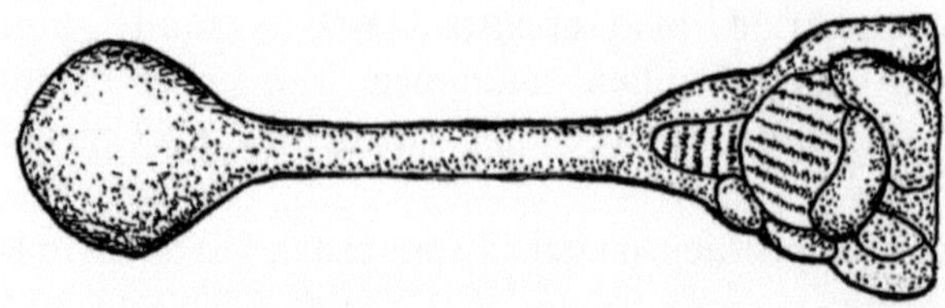

Abb. 29   Schwingkölbchen (Haltere), 2.2 mm, von *Calliphora vicina* (Calliphoridae) mit Sinnesorganen

aus drei Gliedern: Grund-, Schaft- und Geißelglied, wobei das letztere dem vorletzten borstenförmig aufsitzt. Die als Beißwerkzeuge dienenden Kieferzangen (Mandibeln) der Schlupfwespen haben bei den Fliegen einer rüsselförmigen Verlängerung der Lippen Platz gemacht, die zumeist am Ende zum Auftupfen und -saugen von Flüssigkeiten kissenförmig verbreitert ist.

Am Brustteil (Thorax) fällt sofort auf, dass die Fliegen – im Gegensatz zu den anderen Insekten – Zweiflügler (Diptera) sind und nur mehr ein Paar Vorderflügel besitzen. Die Hinterflügel haben eine Umbildung zu trommelstockartigen Gebilden, den Schwingkolben (Halteren), erfahren (Abb. 29), die während des Fluges schnell rotieren.

Vom Hinterleib (Abdomen) der Fliege sei hier nur der Eiablegeapparat betrachtet. Er besteht nicht wie bei den Schlupfwespen aus einem aus dem Hinterleib ragenden harten Legebohrer, sondern aus einem weicheren Rohr, das teleskopartig ineinandergeschoben im Inneren verborgen ist. Die allen Stechwespen und vielen Legwespen eigene Giftdrüse fehlt den parasitischen Fliegen. Diese können somit ihr Wirtstier nicht wie die Schlupfwespen durch eine Giftinjektion ruhigstellen, sondern setzen bei der Eiablage ihre Schnelligkeit und Wendigkeit ein.

Während Körperanhänge in Form von Haaren und Borsten bei den Schlupfwespen mit Ausnahme der wenigen Mutillidae-Arten (S. 18) unbekannt sind, ist für die Schlupffliegen eine mehr oder weniger dichte Behaarung bzw. Beborstung typisch. Ihre Haare und Borsten stehen nicht regellos, sondern folgen einem Borstenplan, der ein wichtiges Hilfsmittel bei der schwierigen Artbestimmung bildet.

Die Färbung, die uns bei den Schlupfwespen in großer Vielfalt und Intensität entgegentritt, spielt bei den Fliegen eine recht untergeordnete Rolle. Stark vorherrschend ist das graue schmucklose Gewand der Stubenfliege. Doch sind einige Arten und Gruppen, allen voran die Schmeißfliegen (Calliphoridae), durch goldgrünen oder blauen Erzglanz gekennzeichnet. Auch sonst treten hier und da Farben in Erscheinung. Bei der Raupenfliege *Nemorea pellucida* besteht ein auffälliger Farbunterschied zwischen den Geschlechtern: der Hinterleib des Männchens ist rot, der des Weibchens dagegen blauschwarz.

Was die Körpergröße betrifft, so findet die bei den Schlupfwespen extrem weite Spanne zwischen 0,17 mm und 70,0 mm (= 1:412), die es diesen Parasiten erlaubt, das kleinste Zikadenei und den größten Nashornkäferengerling zu ihren Wirten zu zählen, bei den Schlupffliegen keine Entsprechung. Ihre Körperlänge variiert nur zwischen 2 mm (Buckelfliegen) und 20 mm (Dickkopffliegen) (= 1:10). Entsprechend diesem Bereich hat die große Mehrheit der Schlupffliegen sich auf mittelgroße Wirtsinsekten, insbesondere Raupen und andere Insektenlarven, spezialisiert.

36. Ei am Stiel
Körperbau: Ei, Larve, Puppe

Im Gegensatz zu den Vollkerfen sind Eier, Larven und Puppen von Schlupfwespen und -fliegen sich weitgehend ähnlich.

Die weißen, mit einer elastischen Hülle (Chorion) umgebenen Fliegeneier sind kurz- bis langoval gestaltet, kurzoval z.B. bei *Gonia*Arten (Tachinidae), die ihre winzigen Eier in großer Anzahl an die Nahrungspflanzen von Raupen kleben, langoval spindelför-

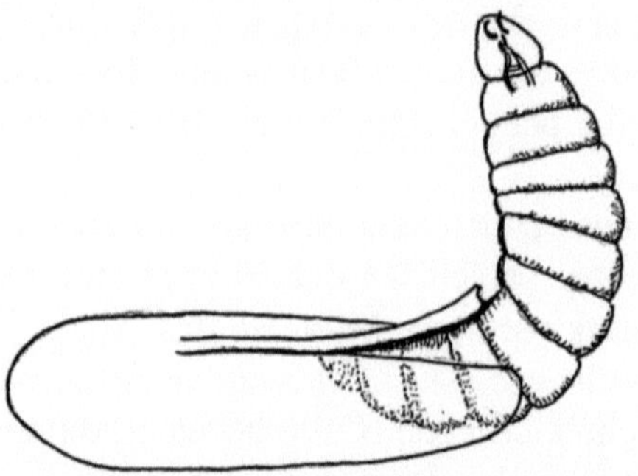

Abb. 30   Tachinidae, Eilarve schlüpfend, siehe Mundhaken

mig z.B. bei der Gattung *Allophora* (Tachinidae), wo die Eier nicht
an den Wirtskörper geklebt, sondern in ihn hineingelegt werden
und sich für das Gleiten im Inneren des Legerohres „dünn" machen
müssen. Die Eier bei *Parasetigena* und einigen anderen Rau-
penfliegen-Gattungen sind brotlaibförmig gestaltet und schmiegen
sich mit ihrer flachen Bauchseite der Wirtshaut an, auf welcher sie
zusätzlich mit einem Klebstoff befestigt werden. Die *Carcelia*-
Arten haben gestielte Eier, die sie im Haarkleid langbehaarter, von

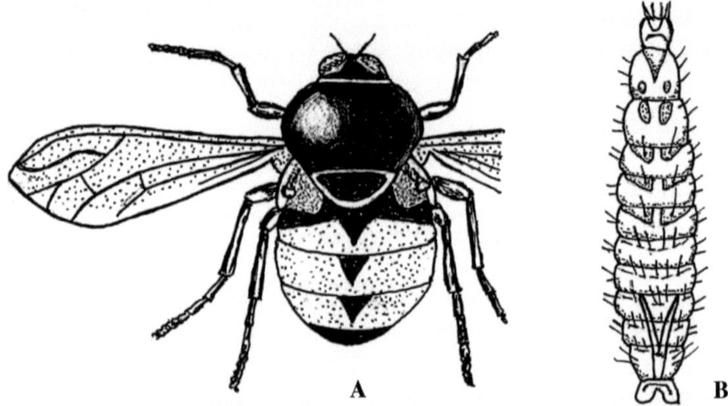

Abb. 31   *Acrocera sanguinea* (Kugel-oder Spinnenfliegen, Cyrtidae),
A. Fliege, Abdomen gelbrot, 5 mm;
B. Junglarve mit Hafthaaren und Sprunggabel, 0,5 mm.

anderen Schlupffliegenarten gemiedenen Raupen, befestigen. Die Größe der Eier liegt im Durchschnitt bei etwa 0,5 x 1,0 mm. Die kleinsten Eier von 0,12 x 0,17 mm produziert die Frostspanner-Tachine *Cyzenis albicans*, deren Weibchen sie in großer Zahl an die Nahrungspflanzen der Frostspannerraupen ablegen.

Wie die Larven der Schlupfwespen sind auch jene der Schlupf-fliegen walzenförmig, weißlich und weichhäutig, ohne Kopf und Beine, entsprechen also dem Maden-Typ. Auch darin, dass sie drei von Häutungen unterbrochene Stadien durchlaufen, gleichen sie den Schlupfwespenlarven. Besonderheiten gibt es bei ihnen in der Kopfgegend. Hier weisen mehrere Gruppen von niederen (Spaltschlupf-) Fliegen noch Reste von Kopfkapseln auf. Erst die Larven der höheren (Deckelschlupf-) Fliegen sind völlig kopflos und haben ihre Mundgliedmaßen bis auf zwei zusammengewach-sene schwarze und daher gut sichtbare Mundhaken (Abb. 30) reduziert, die dem ersten Larvenstadium noch fehlen. Die Schlupf-fliegenlarven unterscheiden sich von den Schlupfwespenlarven auch dadurch, dass ihre Körpersegmente mit Reihen von (Chitin-) Dörnchen und -platten besetzt sind und zwar am stärksten dort, wo die Larven sich eine Zeit lang an der Luft aufhalten und ihre Wirte suchen.

Von der typischen Madenform der Schlupffliegenlarven gibt es einige Abweichungen wie die mit langen Haaren versehenen Junglaven der orthorrhaphen Hummelfliegen (Abb. 31) oder die eine Sprunggabel (Abb. 31B) bzw. einen Schlauchanhang (Abb. 27) aufweisenden Larven der cyclorrhaphen Spinnenfliegen bzw. Schildlausfliegen.

Auch das Puppenstadium lässt eine Entwicklung von den niederen zu den höheren Fliegen erkennen. Bei den meisten Spalt-schlupffliegen werden noch freie Puppen nach dem Käfer-Typ gebildet (Abb. 25D), die bei den Kugelfliegen sogar so beweglich sind, dass sie sich in den Erdboden eingraben können. Im Zuge der Höherentwicklung wird diese freie Puppe von einer tönnchenförmigen Hülle (Puparium) umgeben, die durch Verhärtung der letzten Larvenhaut entsteht. Am vollkommensten sind diese Tönnchen bei den Schmeiß- und Raupenfliegen ausgebildet. Aus ihnen befreit sich die schlüpfende Fliege durch Sprengung der oberen Tönnchenkappe mit einem bogenförmigen Spalt. Der Name „Tönnchen" ist dadurch gerechtfertigt, dass die tonnenförmig aufgeblähte dritte Larvenhaut ihre Segmentgrenzen wie die Reifen um eine Holztonne sichtbar erhält. Wichtig für die Gattungs- und Artbestimmung sind die zwei am Tönnchenende hervortretenden „Knospen". Es sind die Narben der zwei Atemöffnungen (Stigmen) mit spezifisch angeordneten Atemschlitzen. Die Lagerung der Puppe in einem von der erwachsenen Larve gesponnenen Schutzkokon, wie sie für große Teile der Schlupfwespen typisch ist, kommt bei den Fliegen nicht vor.

37. Landung an der Zimmerdecke
Fortbewegung

Die alte Preisfrage: „Wie landet die Fliege an der Zimmerdecke?" ist erst in neuerer Zeit mit Hilfe des Elektronenblitzes geklärt worden: Die Fliege fliegt mit nach vorn-oben gerichteten Vorderbeinen die Decke flach an und überschlägt sich, sobald ihre Vorderbeine Fuß gefasst haben, bäuchlings in Flugrichtung. Sie sitzt dann an der Decke mit dem Kopf in der Richtung, aus der sie anflog. Das klingt komplizierter als es ist, jedoch zeigt es die große Wendigkeit der Fliege im Flug, mit welcher sie der Schlupfwespe haushoch überlegen ist. Diese Wendigkeit kommt ihr vor allem bei der Eiablage an oder in den Wirt zustatten. Auch in der Geschwindigkeit übertreffen die Fliegen die Wespen bei weitem. Als schnellste Insekten überhaupt gelten die zu den Schlupffliegen zählenden Wollschweber (Bombyliidae). Über ihre genaue Geschwindigkeit streiten noch die Gelehrten, doch sind bei kurzen Strecken mehrere hundert Stundenkilometer anzunehmen. Die Verringerung der Flügelzahl von 4 auf 2 tat also der Flugleistung der Fliegen keinen Abbruch, sondern erhöhte sie. Eine wesentliche Rolle beim Flug der Fliegen spielen die aus den Hinterflügeln hervorgegangenen zwei Schwingkolben (Halteren). Sie wirken mit ihrer schnellen Rotation während des Fluges als Stabilisatoren und kontrollieren die Flughaltung in allen drei Körperachsen. Als man bei Schmeißfliegen die Schwingkolben entfernte, kam es nur noch zu einem Taumeln der Fliegen in der Luft mit schließlichem Absturz.

Nächst dem schnellen Flug ist für die Fliegen auch ihr schnelles Laufen charakteristisch. Bei der in Europa mit ca. 70 parasitischen Arten vertretenen Familie der Buckelfliegen (Phoridae) ist das Laufen – oft in Verbindung mit reduzierten oder fehlenden Flügeln – so stark ausgeprägt, dass sie danach den zweiten deutschen Namen „Rennfliegen" erhielten. Die überwiegend kleinen Fliegen fallen durch ihr hastendes, stoßweises Rennen auf. Ganz allgemein kommt das schnelle Laufen den Schlupffliegen zugute, wenn sie während des Laufens zugleich ihre Unterlage tasten, riechen und schmecken können, wie wir im nachfolgenden Kapitel sehen werden.

Mit dem Fliegen und Laufen erschöpfen sich die Formen der Fortbewegung bei den erwachsenen Schlupffliegen. Springen, Flughüpfen, Schwimmen sowie auf-dem-Wasser-Laufen, wie wir es bei den Schlupfwespen kennenlernten, gibt es bei den Fliegen nicht.

Jedoch übertreffen die Larven der Schlupffliegen jene der Schlupfwespen in der Vielfalt der Fortbewegung. Beide: Wespen- und Fliegenlarven sind beinlos (Maden) und kriechen mit Hilfe der Kontraktionswellen ihrer Längsmuskeln. Von dieser normalen Madenfortbewegung weichen die Junglarven einiger Schlupffliegen in auffälliger Weise ab. Die auf Blättern nach Spinnen suchenden Larven der Spinnenfliegen (Acroceridae) springen ihre Wirtstiere an und bohren sich in sie ein. Sie bedienen sich dabei steifer Haare an der Bauchseite sowie einer starken Sprunggabel (Abb. 31). Sprunghaare besitzen auch die Larven der Tachine *Billaea pectinata* an ihrem Körperende. Mit ihnen vollführen sie kurze Sprünge (Fortschnellen) von bis zu 1,5 cm Höhe, um auf diese Weise schneller zu Stellen zu gelangen, wo sich im Erdboden oder Mulm die Engerlinge von Blatthornkäfern aufhalten. Besonders kurios ist die Fortbewegung der auf Blättern nach Wirten (die bis heute nicht bekannt sind) suchenden Larven der Tachine *Zophomyia temula*: Sie bewegen sich durch fortwährende Kopfstände mit Überschlag. In beiden genannten Fällen von blattkriechenden Fliegenlarven handelt es sich um solche vom Planidium-Typ (Abb. 6), dessen Körperform vom üblichen Madentyp abweicht.

38. Das zweite Gesicht
Sinne und Verhalten

Alle Sinne und Sinnesorgane, die wir bei den Schlupfwespen kennenlernten, finden wir im Prinzip auch bei den Schlupffliegen. Doch gibt es Abwandlungen.

So stimmen rein äußerlich die beiden aus vielen Einzelaugen zusammengesetzten Komplexaugen bei beiden Parasitengruppen überein, jedoch sehen die Fliegen schärfer als die Wespen, weil ihre Einzelaugen engere Gesichtswinkel haben. Die größere Sehschärfe der Engwinkelaugen gegenüber den Weitwinkelaugen der Wespen entspricht dem schnelleren Flug der Fliegen, der ein besseres Erkennen der Umwelt verlangt.

Die bei den Fliegen im Gegensatz zu den Wespen vorhandene Behaarung und Beborstung der Körperoberfläche bietet für die Lokalisation von Sinnen, vor allem des Tast-, Druck-, Vibrations-, Schall-, Luftströmungs-, Gleichgewichts- und Temperatursinnes, gute Möglichkeiten. So fand man zum Beispiel bei den Exoristinae (Tachinidae) an der hinteren Körperunterseite Gruppen von Haaren, die offensichtlich als spezielle Tastorgane bei der Eiablage eine Rolle spielen. Besonders wichtige Träger von Sinnesorganen sind aber auch bei den Fliegen die Fühler und Mundgliedmaßen, vermehrt durch die nur den Fliegen zukommenden Schwingkölbchen (Halteren). Die in Abb. 29 dargestellten Sinnesorgane der Halteren dienen insbesondere der Verwertung von Reizen, die für den Flug relevant sind (Stimulation, Lagekorrektur, Geschwindigkeit u.a.). Aber auch die Fühler nehmen einen Teil dieser Reize auf. Als man bei Schmeißfliegen die Fühler entfernte, vermochten sie nicht mehr abzubremsen und prallten gegen die Wand.

Wir sahen, dass die Schlupfwespen durch die – allen Insekten zukommende – Kombination von Tast- und Geruchssinn auch mit den Füßen riechen können. Die Fliegen gehen noch darüber hinaus und schmecken sogar mit den Fußsohlen. Das bietet ihnen große Vorteile, zum Beispiel beim Laufen über Blätter, wo sie kleinste Zuckerspuren (Blattlaus-Honigtau) schmecken und für ihre Energiegewinnung sogleich auflecken können.

Bei den Schlupfwespen wurde bereits dargestellt, dass die Handlungen der Insekten instinktiv erfolgen, zwar durch Erfahrungen bereichert werden können, jedoch nicht auf Vernunft basieren. Gleichwohl erwecken sie oft den Eindruck von Vernunfthandlungen. Hierzu soll aus dem Bereich der Schlupffliegen nur ein besonders auffallendes Beispiel genannt werden. Es betrifft die Tachine *Blondelia inclusa*.

Die Larven dieser häufigen Raupenfliege parasitieren im Körper der Larven von Kiefernblattwespen der Gattung *Diprion*. Diese Blattwespen sind für ihre hartwandigen Kokons bekannt, die von der Altlarve als Puppenschutz gesponnen werden. Die *Diprion*-Larve stirbt in diesem Kokon an den Folgen der Parasitierung und übrig bleibt die Schlupffliegen-Altlarve, die sich nun ihrerseits verpuppt. Die aus ihrer Puppe schlüpfende Fliege steht vor der Aufgabe, den *Diprion*-Kokon zu durchbrechen, um ins Freie zu gelangen. Aus eigener Kraft ist sie dazu aber nicht imstande. Sie vermag zwar mit ihrer aufblasbaren Stirnblase dünne Kokonwandungen aufzureißen, nicht aber einen festen *Diprion*-Kokon. Wer gibt der Fliege Hilfe? Die verblüffende Antwort: Sie selbst hat sich einige Wochen oder Monate zuvor (je nachdem ob sie vor oder nach der Überwinterung schlüpft) als parasitische Altlarve im Körperinneren der *Diprion*-Larve vorausschauend (!) die für die

Fliege notwendige Schlüpfhilfe geschaffen und zwar dadurch, dass sie sich in den Nackenmuskeln der spinnenden *Diprion*-Larve festsetzte und diese damit hinderte, regulär „über Kopf" zu spinnen. Mit anderen Worten: Die parasitische Fliegenlarve verhinderte durch Nackenmuskelblockade die *Diprion*-Larve, über ihrem Kopf eine ebenso stabile Kokonwand wie an den übrigen Kokonstellen zu spinnen. Der „Würgegriff" des Parasiten gestattete es der *Diprion*-Larve nur, am oberen Pol des Kokons eine dünnere Wandung herzustellen und durch diese Schwachstelle hindurch ist es der Fliege möglich, ins Freie zu gelangen. Die Parasiten-Altlarve arbeitete somit „vorausschauend" (sie hatte, wie der Volksmund sagt „ein zweites Gesicht") zugunsten einer für sie nicht erkennbaren Zukunftssituation. Es soll hier erst gar nicht versucht werden, die Entstehung einer solchen instinktiv-zukunftsorientierten Handlungsweise wissenschaftlich zu erklären.

39. Kuss zwischen die Augen
    Partnersuche, Begattung, Wirtssuche

Zahlreiche Beobachtungen zeigten, dass bei den Schlupffliegen die Männchen sich zwecks Partnersuche auf sonnigen Zweigen oder Baumstümpfen versammeln und dort auf vorüberkommende Weibchen warten. Bei einigen Arten wie *Carcelia pubescens* (Tachinidae) warten die Männchen nicht sitzend, sondern, nach Schwebfliegenart, auf Waldlichtung in der Sonne schwebend. Dieser erste Teil der Partnersuche ist somit auf den Gebrauch der Augen abgestellt. Wird ein vermeintliches Weibchen gesichtet, fliegen die Männchen wie auf ein Kommando auf diese zu, um es – im Fliegen – geruchlich zu überprüfen, ob es zur selben Art gehört und noch unbefruchtet ist. Experimente weisen darauf hin, dass das Weibchen nur einmal kopuliert, und dass ein sich näherndes Männchen erkennen kann, ob das Weibchen noch unbegattet und unbefruchtet ist. Daraus ist der Schluss zu ziehen, dass unbefruchtete Weibchen einen Sexualduftstoff produzieren, an welchem die Männchen den Zustand des Weibchens erkennen. Sobald eine geeignete Partnerin gefunden ist, wird es von dem kräftigsten und schnellsten Männchen gepackt und auf den Boden bzw. die Pflanzendecke gedrückt, wo die Begattung stattfindet.

Der Begattungs-Vorgang dauert meist nur wenige Sekunden. Im einzelnen ist er bei den Schlupffliegen noch kaum untersucht. Gut bekannt ist er bei unserer Stubenfliege, so dass wir zumindest für deren nahe Schlupffliegen-Verwandten, den Raupen- und Schmeißfliegen, ähnliche Verhältnisse annehmen dürfen. Die männliche Stubenfliege drückt das Weibchen aus dem Fluge zu Boden, springt dort auf dessen Rücken und drückt zunächst seiner Partnerin mit seiner Rüsselscheibe einen „Kuss" auf den Scheitel zwischen den Augen und krümmt zugleich seinen Hinterleib mit der Penisgrube abwärts. Daraufhin streckt das Weibchen seinen Hinterleib und führt sein Legerohr in die Peniskammer das Männchens, wo der Penis in das Legerohr eindringt und seinen Samen in dieses ergießt.

Der Begattung folgt die Wirtssuche, die laut Experimenten auf einer zweifachen Geruchsleistung beruht: zuerst wird die Fraßpflanze und danach – auf der Pflanze – das Wirtstier oder dessen Ausscheidungen geruchlich geortet. Die Fraßpflanze des Wirtstieres ist dabei von zentraler Bedeutung. In vielen Fällen sind die Schlupffliegenarten auf bestimmte Pflanzenarten und daran fressende Wirtstiere spezialisiert. So parasitieren zum Beispiel die Arten der Gattung *Actia* (Tachinidae) in den Raupen von Kleinschmetterlingen, die auf bestimmten Pflanzen leben: auf Kiefern (*Actia nudibasis*), Lärchen (*Actia maksymova*) und Laubhölzern (*Actia pilitenuis*). Dass der Wirtspflanzengeruch für die Wirtssuche der Fliege entscheidend ist, wurde auch durch folgenden Versuch bewiesen: Man legte in einem geräumigen Flugkäfig den Weibchen von *Drino bohemica* (Tachinidae), deren Larven in Blattwespenlarven an Fichten parasitieren, eine Reihe von Holzstücken vor, von denen eines mit dem Extrakt von Fichtennadeln bestrichen war. Daraufhin versammelten sich die Weibchen sämtlich auf diesem nach Fichte duftenden Holzstück.

111

40. Fliege in Kellerassel
Wirtskreis und –bindung

Die Schlupffliegen sind als Parasiten bei nur 14 Gliederfüßer-(Arthropoden-)Ordnungen bekannt und haben damit einen wesentlich kleineren Wirtskreis als die Schlupfwespen, die es auf 26 Ordnungen bringen (S. 56). Lediglich mit einer Wirtsordnung sind sie den parasitischen Wespen voraus: sie haben auch Asseln, also Landkrebse, das heißt eine Ordnung des Arthropoden-Unterstammes Krebstiere, als Wirte. Ihr Wirtskreis umfasst somit alle drei Unterstämme der Arthropoda (Gliederfüßer): 1. Krebstiere (Crustacea), 2. Spinnentiere (Arachnoidea) und 3. Tracheentiere (Tracheata, mit den zwei Klassen Tausendfüßer und Insekten).

Folgende 14 Arthropoden-Ordnungen dienen den Schlupffliegen als Wirte: eine Ordnung der Krebstiere, die Asseln (Isopoda), eine Ordnung der Spinnentiere, die Echten Spinnen (Araneida), zwei Ordnungen der Tracheentiere I (= Klasse der Tausendfüßer): die Schnurfüßer (Julida) und die Hundertfüßer, Steinkriecher (Lithobiomorpha) sowie zechn Ordnungen der Tracheentiere II (= Klasse Insekten), nämlich: Heuschrecken (Saltatoria), Gespenst-schrecken (Manticida), Ohrwürmer (Dermaptera), Wanzen (Heteroptera), Pflanzensauger (Homoptera, UOrd. Zikaden), Hautflügler (Hymenoptera), Käfer (Coleoptera), Schmelterlinge (Lepidoptera) Zweiflügler (Diptera) und Netzflügler (Neuroptera).

Dieser Wirtskreis entspricht der Körpergröße der Schlupffliegen mit ihrer – gemessen an den Schlupfwespen – geringen Variationsbreite. Mit Ausnahme der Augenfliegen (Pipunculidae), Spinnenfliegen (Cyrtidae), Schildlausfliegen (Cryptochaetidae) und Buckelfliegen (Phoridae), die zum wesentlichen Teil nur 2–3 mm große Fliegen umfassen, die in kleineren Spinnen, Zikaden und anderen Insekten parasitieren, haben die übrigen, bis 20 mm großen, Schlupffliegen größere Gliederfüßer als Wirte. Somit sind die kleinen und kleinsten Wirtsgruppen wie Afterskorpione, Milben, Blasenfüße, Staubläuse, Blattläuse, Flöhe u.a., die von zahlreichen kleinen Schlupfwespen parasitiert werden, außerhalb des Wirtskreises der Schlupffliegen. Dasselbe gilt natürlich für alle Insekteneier. Nicht wegen der Größe, sondern wegen der Unfähigkeit der Fliegen, sich im Wasser zu bewegen, sind auch die von Schlupfwespen parasitierten Wasserinsekten für Schlupffliegen unangreifbar.

Die für die Wirtsbindung bei den parasitischen Wespen verwendeten Bezeichnungen mono-, oligo- und polyphag (s.o.), gelten auch für die parasitischen Fliegen. Sie können auf die Art, Gattung oder Familie bezogen werden. So ist eine Art monophag, wenn sie nur bei einer einzigen anderen Gliederfüßer-Art parasitiert (z.B. die Raupenfliege *Phryxe caudata* beim Prozessionsspinner *Thaumetopoea pityocampa*). Sie ist oligophag, wenn sie mehrere Arten einer anderen Gliederfüßer-Familie als Wirte hat (z.B. die Raupenfliege *Viviana cinerea* aus mehreren Arten der Käferfamilie Carabidae) und polyphag, wenn sie aus mehreren Familien oder gar Ordnungen bekannt ist (z.B. die Raupenfliege *Compsilura concinnata* aus 99 Arten mehrerer Familien der Ordnung Schmetterlinge und 6 Arten mehrerer Familien der Ordnung Hautflügler, Unterordnung Blattwespen). Entsprechende Beispiele wie für Arten lassen sich auch für Schlupffliegen-Gattungen und -Familien anführen, mit einer Ausnahme: Für die Monophagie einer Schlupffliegen-Familie, also die Bindung mehrerer Arten einer Fliegenfamilie an Arten einer anderen Gliederfüßer-Familie, liegt bisher kein Beispiel vor.

Die Tachine *Actia nudibasis* ist die einzige Schlupffliege, die zwei Generationen hat, deren jede artenmonophag bei verschiedenen Wirtsarten ist. Ihre 1. Generation parasitiert in den Raupen des Kiefernharzgallenwicklers *Petrova resinella* und ihre 2. Generation in den Raupen des Kieferntriebwicklers *Rhyacionia buoliana*, beide an Jungkiefern häufige Schadinsekten. Die Tachine ist somit innerartlich, zeitlich versetzt, zweifach artenmonophag und insgesamt für die Schmetterlingsfamilie Wickler- (Tortricidae)Familien monophag.

Das waren Bindungen von Schlupffliegen an Verwandtschaftsgruppen der Wirte. Aber auch innerhalb derselben Wirtsart gibt es
natürlich, wie bei den Schlupfwespen, Bindungen an einzelne
Entwicklungsstadien: Jung- und Altlarven, Jung- und Altpuppen
sowie Vollkerfe. Einen seltenen Fall bildet die Tachine *Erynniopus
rondea*, bei der verschiedene Generationen in verschiedenen
Entwicklungsstadien derselben Wirtsart parasitieren. Die Fliege hat
drei Generationen im Jahr und der Wirt ist der Ulmenblattkäfer,
Galerucella luteola. Die 1. Fliegengeneration schlüpft aus der
Käferlarve, die 2. Generation aus dem Käfer (Vollkerf) im Herbst
und die 3. Generation aus dem Käfer nach der Überwinterung.

Aus der Wirtsbindung ergibt sich auch die geographische Bindung,
d.h. die Verbreitung der Schlupffliegenarten oder -gruppen. Als
Beispiel sei die Tachine *Trichoparia grandicornis* genannt. Sie parasitiert gattungsmonophag bei den Larven der Riesenschnaken-
Gattung *Tipula*, jedoch nur bei solchen Arten, die in den Alpen, im
Riesengebirge, dem schottischen Hochland und den skandinavi-
schen Gebirgen, also montan, verbreitet sind. Mit ihren Wirten ist
somit auch die *Tipula*-Tachine montan verbreitet.

41. Trauerschweber scheren aus
     Parasitierungsformen

Wir lernten bei den Schlupfwespen sechs Hauptformen des
Parasitismus kennen: Primär- und Sekundär, Endo- und Ekto-
sowie Solitär- und Gregär-Parasitismus, die sich in verschiedener
Weise kombinieren können. Auch für die Schlupffliegen haben
diese sechs Formen und ihre Kombinationen Gültigkeit, doch ist
bei ihnen die Kombination primärer und solitärer Endoparasitismus
noch stärker dominierend als bei den Wespen.

Relativ häufig tritt bei den Fliegen Gregärparasitismus auf, also die
Entwicklung mehrerer parasitischer Larven derselben Art in einem
Wirtstier. So schlüpfen ca. 30 kleine Fliegen von *Megaselia palu-*

dosa (Phoridae) aus einer Schnaken- (Tipulidae-)Larve oder bis zu 80 große Fliegen von *Drino atropivora* (Tachinidae) aus einer Raupe des Totenkopfschwärmers *Acherontia atropos*. Das gregärparasitische Fliegenweibchen kann dabei, wie wir dies bei den Schlupfwespen sahen, die Größe des Wirtstieres „messen" und ihre Eizahl daran anpassen.

Der Ektoparasitismus, das heißt das Fressen der Parasitenlarve außen am Wirt, ist bei den Fliegen auf wenige Fälle beschränkt. Ihnen fehlt der harte Legestachel, mit dem die Schlupfwespen ihre Eier in das Pflanzengewebe (Blattrollen, Stängel, Gallen u.a.) oder in von Gliederfüßern gesponnenen Kokons, Gespinsten u.ä. versenken. Die Fähigkeit, ihre Eier in Gespinsten unterzubringen, zeigen nur die Schmeißfliege *Agria mamillaria*, deren Larve sich an einer Gespinstmotten *(Yponomeuta-)*Puppe im Inneren des Raupengespinstes (Abb. 28) entwickelt sowie einige *Systoechus*-Arten (Bombyliidae), die ihre Eier in von Gespinsten umgebenen Spinnen- und Heuschrecken-Eigelegen deponieren.

Der bei Schlupfwespen häufige Sekundär-Parasitismus ist bei den Schlupffliegen auf zwei Fälle beschränkt: Die zu den Woll- oder Trauerschwebern (Bombyliidae) gehörenden *Hemipenthes maurus* und *Hemipenthes morio*. Diese wie Hummeln behaarten und durch partiell schwarze Flügelfärbung (Trauerschweber) gekennzeichneten Fliegen entwickeln sich sekundärparasitisch in Schlupfwespen- und Raupenfliegenlarven im Inneren von Forleulen- *(Panolis-)* und Nonnenspinner- *(Lymantria monacha-)* Raupen. Wo sie häufig vorkommen, können sie die dem Forstwirt helfende Schädlingsvernichtung durch primäre Schlupfwespen und -fliegen empfindlich stören (s.u.).

Auch die bei den Schlupfwespen genannten zwei Nebenformen der Parasitierung: die Überbelegungs- oder Super- und die Mehrarten- oder Multi-Parasitierung, sind bei den Schlupffliegen verwirklicht. Beide Parasitierungsformen, die dadurch zustande kommen, dass mehr Fliegenlarven einer Art (von mehreren Weibchen oder mehreren Parasitenarten) in ein Wirtstier gelangen als normalerweise sich darin entwickeln, führen zwangsläufig zur Nahrungskonkurrenz und damit zur Verminderung der Nachkommenzahl und -größe. So wurden am Körper einer Raupe des Blutströpfchen-Falters *Zygaena* sp. 27 Eier von *Exorista larvarum* (Tachinidae) gezählt. Aus der abgestorbenen Raupe schlüpften aber nur vier Fliegen, von denen zwei von normaler Größe und die anderen zwei kleine „Kümmerlinge" waren.

42. Vagina als Gebärmutter
     Befruchtung, Eientwicklung, Eizahl

Die Überlegenheit der Schlupfwespen gegenüber den Schlupffliegen in der Ausnutzung der Lebensmöglichkeiten (ökologischen Nischen) wird besonders deutlich bei der Fortpflanzung. Wir sahen hier die Schlupfwespen über eine breite Palette von Möglichkeiten verfügen: Ungeschlechtliche und geschlechtliche Fortpflanzung und bei der letzteren Eingeschlechtlichkeit (obligatorisch ohne Männchen oder fakultativ ohne Verwendung von Samen) sowie Zweigeschlechtlichkeit. Das heißt, es treten Weibchen und Männchen auf, die sich begatten, worauf es im mütterlichen Körper zur Befruchtung des Eies durch eine Samenzelle kommt. Die für alle Insekten typischen Samenvorratsbehälter finden wir auch hier und zwar drei an der Zahl pro weibliche Fliege. Aus ihnen treten beim Vorübergleiten eines Eies an der Mündung in den Eileiter einige Spermien aus, von denen eine Spermie das Ei befruchtet. Diese Zugabe von Spermien geschieht nicht wie bei den Schlupfwespen „willkürlich", sondern reflektorisch, automatisch. Die Fliegenweibchen, die gefüllte Samenvorratsblasen besitzen, legen somit nur befruchtete Eier ab, deren Geschlecht, der Norm im Tierreich entsprechend, durch die zufällige Verteilung der Geschlechtschromosomen bestimmt wird.

Je nachdem ob sich die Eilarven erst nach der Eiablage am oder im Wirtskörper fertig entwickeln und somit die Eier noch tagelang

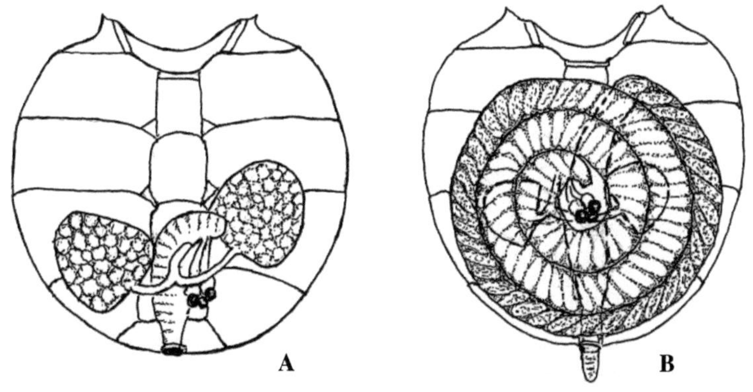

Abb. 32 *Ernestia rudis* (Tachinidae), weibliche Geschlechtsorgane:
A. Vor Befruchtung Vagina kurz;
B. Nach Befruchtung, Vagina verlängert, als Gebärmutter
(Uterus) dienend, vollgestopft mit Eiern und
Embryonallarven

erhalten bleiben oder ob die Larvenentwicklung bereits im mütterlichen Körper beendet wird und somit die Larven unmittelbar nach
der Eiablage am oder im Wirt schlüpfen, unterscheidet man Eier
ablegende = ovipare sowie Eilarven ablegende = ovilarvipare Schlupffliegenarten. Lediglich bei einigen zu den Schlupffliegen gehörenden Schmeißfliegen (Calliphoridae) schlüpfen die Eilarven schon
im mütterlichen Körper, so dass diese Arten larvengebärend = lar-
vipar sind. Im Körper der ovolarviparen und larviparen Fliegenweibchen sammeln sich die größer und größer werdenden Eier in
der Vagina an, die damit zum Uterus (zur Gebärmutter) wird und
unverhältnismäßig stark anschwillt (Abb. 32). Ein echter Uterus
wie bei den Säugetieren liegt hierbei allerdings nicht vor, da bei
den Fliegen der Embryo nicht durch die Uteruswand hindurch, sondern von mitgegeben Nährstoffen ernährt wird.

Die Eigröße und Eizahl der Schlupffliegen hängen von der
Häufigkeit der Wirte und der Art und Weise der Eiablage ab. Wie
wir in den nächsten Kapiteln sehen werden, können die Eier
entweder an oder in den Wirt abgelegt oder außerhalb des Wirtes

untergebracht werden. In den beiden ersten Fällen haben die Arten eine relativ geringe Eizahl von etwa 200 bis 300, weil keine hohen Verluste zu erwarten sind. Im dritten Fall sind die Eier weitaus größeren Gefahren ausgesetzt und werden daher in viel größerer Zahl abgelegt, so zum Beispiel beim Frostspanner-Parasiten *Cyzenis albicans* bis 2000 Eier, beim Engerlings-Parasiten *Microphthalma europaea* sowie auch beim Ohrwurm-Parasiten *Rhacodineura pallipes* (alle drei: Tachinidae) bis 4000 Eier. Die Größe der Eier nimmt natürlich mit zunehmender Zahl ab und beträgt bei *Cyzenis* nur mehr 0,14 x 0,17 mm, bei *Rhacodineura* sogar nur 0,10 x 0,13 mm, womit letztere Fliege die kleinsten Eier unter den 500 Arten Raupenfliegen produziert.

43. Verschluckte Eier
Eiablage an oder in den Wirt

Die drei Formen der Eiablage, die wir bei den Schlupfwespen kennenlernten: an den Wirt, in den Wirt sowie abseits vom Wirt, finden wir auch bei den Schlupffliegen wieder. Hier seien zunächst die beiden erstgenannten Formen betrachtet.

Es wurde bereits darauf hingewiesen, dass die große Mehrheit der Schlupffliegen im Gegensatz zu dem harten Legestachel der Schlupfwespen ein weichhäutiges Legerohr besitzt, das in der Regel außerhalb seiner Tätigkeit im Hinterleib teleskopartig ineinandergeschoben liegt. Es dient dazu, die Eier an die Wirte anzukleben. Man kann hierbei Nah- und Distanzkleber unterscheiden. Die ersteren kleben die Eier frei auf die glatte Oberfläche des Wirtstieres, wofür ihnen ein kurzes Legerohr genügt. Die zweitgenannten legen ihre Eier entweder durch ein langes Haarkleid hindurch auf den Wirtskörper (z.B. die Tachine *Phryxe caudata* auf die Raupe des Pinienprozessionsspinners) oder sie schieben sie unter die Flügeldecken von Wanzen (z.B. *Phasia*- und *Gymnosoma*-Arten, Tachinidae) oder von Käfern (z.B. die Arten der Tachiniden-Gattung *Degeeria* bei Blattkäfern), wozu sie ein längeres Legerohr benötigen.

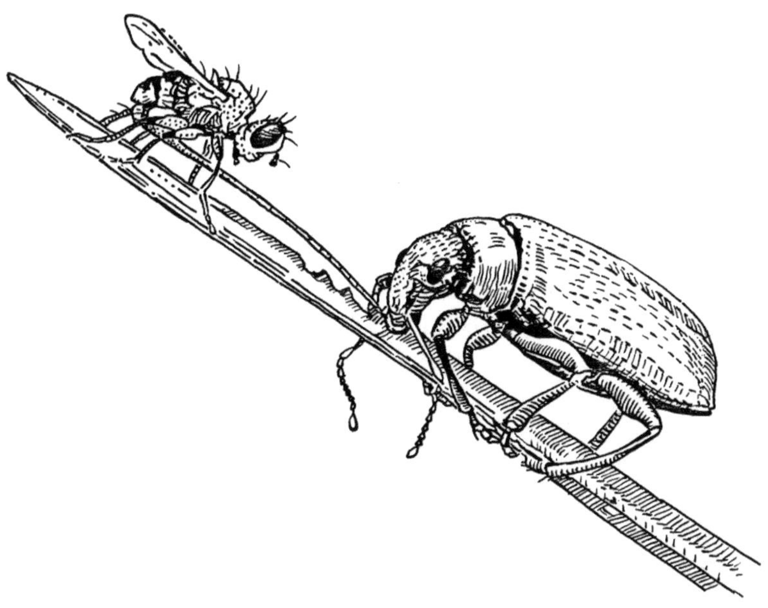

Abb. 33 *Rondania dimidiata* (Tachinidae), 5 mm, bei der Ablage eines Eies in den Mund des Rüsselkäfers *Brachyderes incanus*

Das Verhalten der Schlupffliegen und Wirte während der Eiablage ist unterschiedlich. Bei einem Teil der Fliegen geht alles sehr schnell: Sie kleben in blitzschnellem Anflug ihr Ei auf den Wirt. So machen es z.B. *Eucarcelia rutilla* bei Kiefernspanner- *(Bupalus-)*Raupen und *Exorista rustica* (beide Tachinidae) bei Blattwespen- *(Diprion-)*Larven, die beide zu jenen Wirten gehören, die sich bei Annäherung von Feinden aufrichten und mit heftigen Körperbewegungen versuchen, den Feind abzuwehren. Andere Schlupffliegen können auf solche hastigen Aktionen verzichten, weil die Wirtstiere sich ruhig verhalten. Es sind dies vor allem kleinere Fliegen wie etwa die Buckelfliegen (Phoridae), die als Leichtgewichte auf den größeren Wirtslarven herumlaufen und von diesen nicht bemerkt oder geduldet werden. Jene Fliegen, die mit Hilfe eines verlängerten Legerohres ihr Ei durch ein langes Haarkleid hindurch oder seitlich unter eine Flügeldecke schieben, tun dies aus einigen Millimetern Distanz zum Wirt.

Bei einigen Schlupffliegen wie z.B. den Tachiniden *Parasetigena silvestris* und *Blondelia nigripes*, wurde beobachtet, dass sie zu ihrer Eiablage durch Bewegungen der Wirtstiere, z.B. das Kriechen von Raupen, stimuliert werden. Ruhende Wirte lassen sie zumeist unbeachtet.

Einige Raupenfliegengruppen haben, unabhängig voneinander, eine Entwicklung hin zum Legestachel der Schlupfwespen vollzogen. Sie bildeten aus Teilen der Bauchseite des 7., 8. oder 10. Körpersegments harte (Chitin-) Vorrichtungen, die die Rolle eines Einstichorgans in den Wirtskörper übernehmen. Von ihnen sind die Leucostomatinae und Cylindromyinae Wanzenparasiten, während ein Teil der Exoristinae Raupen und Blattwespenlarven parasitiert. Bei einer unserer häufigsten Raupenfliege, der schon genannten vielwirtigen (polyphagen) *Blondelia nigripes*, ist die Bauchplatte des 7. Segments zu einem starren Legebohrer geworden. Die Tatsache, dass sie an den Rändern des 3. und 4. Hinterleibssegments mehrere gekrümmte Dornen besitzt, wurde lange Zeit so gedeutet, dass die Fliege einen „Sägebauch" besäße, mit welchem sie im Vorbeifliegen die Haut einer Raupe aufschlitzt und in den Schlitz ein Ei versenke. Heute wissen wir, dass die Dornen nur als Widerlager für das Einstechen des Legebohrers dienen. Auch bei den *Leucostemma*- und *Cylindromyia*-Arten (beide Tachinidae) halten hakenförmige Fortsätze die Bauchseiten der Wirtslarve fest, damit der zwischen ihnen liegende Legestachel in Funktion treten kann.

Alle bisherigen Beispiele zeigten Eiablagen an die Haut des Wirtes oder durch diese hindurch. Das entspricht im Prinzip der Eiablage bei den Schlupfwespen. In einigen Fällen jedoch gingen die Fliegen über die Wespen hinaus und entwickelten eine Eiablage in den Wirtskörper, die auf den ersten Blick ganz unglaubwürdig erscheint: Das Hineinschieben der Eier in die Mundhöhle von Rüsselkäfern, während diese gerade fressen. Bei drei Arten Raupenfliegen (Tachinidae) wurde dieser Vorgang bisher festgestellt. Auf Abb. 33 ist die Eiablage von *Rondania dimidiator* beim

Kieferntriebrüssler *Brachyderes incanus* dargestellt. Das Legerohr von *Rondania* ist etwa drei mal so lang wie die Fliege selbst. Diese beobachtet den Kauvorgang des Käfers genau, um im Augenblick des Auseinanderweichens der beiden großen Kiefernzähne (Mandibeln) des Käfers ihr Legerohr dazwischenzuschieben und zu vermeiden, dass es von den Zähnen zermalmt wird.

44. Platz- und Kriechwinker
Eiablage abseits vom Wirt

Die Eiablage abseits vom Wirt ist ei den Schlupffliegen ebenso wie bei den Schlupfwespen wegen ihres hohen Risikos auf einen relativ kleinen Kreis von Arten beschränkt. Wir können bei den parasitischen Fliegen zwei Hauptvarianten unterscheiden: Die „wartenden Eier" und die „suchenden Larven", von denen die zweite Hauptvariante sich wieder in drei Nebenvarianten gliedert: „Platzwinker", Kriechwinker" und „Wühler".

Bei der ersten Hauptvariante handelt es sich um mikroovipare Arten wie z.B. jene der Gattung *Gonia* (Tachinidae), die – wie der Name sagt – sehr kleine Eier ablegen und zwar auf die Nahrungspflanzen bestimmter Raupen oder Blattwespenlarven. Die Eier warten dort darauf, dass sie von den Wirtslarven beim Blattfraß mit verschluckt werden. Ist auf diese Weise ein Fliegenei verschluckt worden, schlüpft die Tachinenlarve im Vorderdarm der Wirtslarve und beginnt ihr parasitisches Leben. Das ungewisse Schicksal solcher Eier zwingt die Fliege dazu, eine sehr große Zahl von ihnen abzulegen und sie demgemäß sehr klein zu halten.

Eine weitere Anpassung der „Warteeier" an die Ablage an Pflanzen ist neben ihrer geringen Größe die starke Chitinisierung (Panzerung), die sie insbesondere vor der Sonnenstrahlung schützt. So können die wartenden Eier oft viele Wochen lebensfähig bleiben. Beispielsweise waren die an Gräsern abgelegten Eier der Wiesenzünsler-Tachine *Zenillia pullata* noch nach 30 Tagen, jene

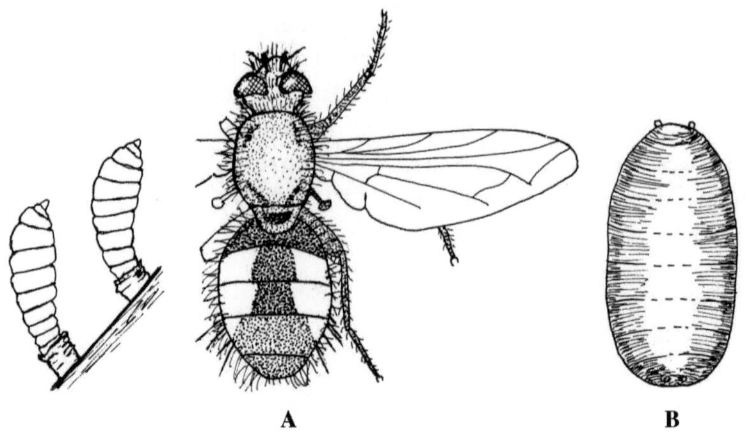

Abb. 34 A. *Ernestia rudis* (Tachinidae), Forleulen-Tachine mit zwei auf der Kiefernnadel abgesetzten, auf Wirtsraupen wartenden Larven;
B. Tönnchen-Puppe.

der bei Saateulen parasitierenden Tachine *Gonia ornata* sogar noch nach 75 Tagen lebensfähig.

Die zweite Hauptvariante der freien Eiablage abseits vom Wirt umfasst ovularvipare Fliegenarten, also solche, aus deren Eiern unmittelbar nach Ablage die Larven schlüpfen. Diese warten nun entweder auf vorüberkriechende Raupen oder Blattwespenlarven oder suchen solche kriechend auf, um sich in beiden Fällen in deren Körper einzubohren. Nach ihrem Verhalten werden drei Varianten unterschieden: Platzwinker, Kriechwinker und Wühler. In allen drei Fällen sind die Larven nach dem Planidium-Typ gebaut und haben somit, im Gegensatz zu den typischen madenförmigen Larven, Körperanhänge zur Fortbewegung bzw. Anklammerung entwickelt.

Platzwinker heißen jene Larven wie etwa die der bekannten Forleulen-Tachine *Ernestia rudis* (Tachinidae), die nach dem Verlassen der Eihülle am Ablegeort, in diesem Fall auf einer Kiefernnadel, sitzen bleiben und mit dem Oberkörper pendelnde („winkende") Suchbewegungen zur Registrierung des Körperduftes der Eulenraupe durchführen (Abb. 34). Alle Platzwinkerlarven sind stark chitinisiert als Schutz vor Witterung und Sonnenstrahlung.

Die Kriechwinker sind wandernde Schlupffliegenlarven, die ihre Fortbewegung öfter unterbrechen, um mit dem Vorderkörper ähnliche Suchbewegungen auszuführen wie die Platzwinker. Sie gehören drei Familien an, den Tachinidae, Bombyliidae und Cyrtidae. Die betreffenden Tachinen suchen vor allem nach verborgen in Blattwickeln, hohlen Stängeln u.a. lebenden Raupen von Kleinschmetterlingen. Zu ihnen zählen z.B. *Leskia aurea* in Glasflügler-Raupen (Lepidoptera, Aegeriidae), die im Pappelholz Gänge bohren sowie *Lydella*-und *Pseudoperichaeta*-Arten als Parasiten von Raupen in hohlen Pflanzenstängeln. Die zweite Familie mit Kriechwinkerlarven sind die Hummelfliegen (Bombyliidae). Sie ersparen ihren Larven weite Wege dadurch, dass sie die Eier im Flug gezielt neben die Nesteingänge von im Erdboden solitär lebenden Wespen und Bienen abwerfen. Bevor es dazu kommt, nimmt das Fliegenweibchen etwas Sand in einem Härchenfeld auf und bepudert damit die klebrige Oberfläche des aus der Geschlechtsöffnung tretenden Eies. Ob dadurch das Ei getarnt oder vor Sonnenstrahlung geschützt werden soll, ist nicht bekannt. Als dritte Familie schließlich mit frei oder in Hohlräumen kriechenden Larven sind die Spinnenfliegen (Cyrtidae) zu nennen. Ihre Larven klammern sich springend an umherlaufende Spinnen an und dringen in deren Körper ein.

Am interessantesten sind wohl aber die Wühler-Larven, die in Baummulm oder den gewachsenen Erdboden eindringen, um dort nach Käfer-Engerlingen zu suchen. Am bekanntesten ist die Engerlings-Tachine *Dexia rustica*. Sie verteilt im Fluge etwa 600 kleine Eier über Stellen, wo sie Engerlinge vermutet. Die sofort schlüpfenden Larven bohren sich in den Erdboden ein und suchen bis in etwa 35 Zentimeter Tiefe nach Engerlingen. Ist ein solcher entdeckt, heftet sich die Fliegenlarve an seine Haut an, weicht sie am Anheftungsort mit einem Sekret auf und dringt in die Käferlarve ein.

45. Kastration
Die Fliegenlarve als Parasit

Mit Ausnahme der wenigen genannten Fälle von Ektoparasitismus, leben alle Schlupffliegenlarven endoparasitisch, also im Inneren des Wirtskörpers. Zumeist bohren sich die Eilarven aus den am Wirt angeklebten Fliegeneiern in den Wirtskörper ein, wobei sie ein chitinlösendes Drüsensekret verwenden. Das Eindringen durch die Atem- (Stigmen-)öffnungen ist bisher nicht nachgewiesen.

Zunächst bildet die Atmung für die Larve ein Hauptproblem. Im einfachsten Fall wie bei den Tachinen-Gattungsgruppen Exoristini, Winthemiini und Dexiini, bleibt die in den Wirt eindringende Larve mit dem Hinterende am Einbohrloch haften und verwendet die Außenluft zum Atmen (= primäre Atemöffnung). Bei anderen Gruppen dringt die Larve ganz in den Wirt ein und bezieht die Atemluft durch ihre Haut (= Hautatmung). Diese Atmungsform ist jedoch fast immer auf die jüngsten Larvenstadien beschränkt. Nur in wenigen Fällen atmen auch ältere Larven durch ihre Haut, so z.B. bei der *Lithobius-* (Tausendfüßer-)Tachine *Loewia foeda* sowie bei der Glasflügler- (Lepid., *Aegeria-*)Tachine *Leskia aurea*. Im Allgemeinen schafft sich die ältere Larve eine sekundäre Atemöffnung mit einem Trichter entweder an der Wirtshaut oder an einem Tracheenstamm, bzw. bei Spinnen an deren (Fächer-)Lunge.

Die Ernährung der Fliegenlarve ist nicht wie bei den meisten Tieren und beim Menschen zweistufig: Nahrungsaufnahme – Verdauung, sondern dreistufig: Vorverdauung außerhalb des Körpers (extraintestinal) – Nahrungsaufnahme – Endverdauung im Darm (intraintestinal). Die Fliegenlarve scheidet Verdauungsfermente in die Nahrung hinein aus, lässt sie dort einwirken und saugt dann die vorverdaute flüssige Nahrungsmasse auf. In ihren frühen Stadien ernährt sie sich nur von der Blutflüssigkeit (Haemolymphe) des Wirtstieres ohne dieses dabei wesentlich zu schädigen. Dieser Nährstoffentzug bewirkt lediglich eine Verkleinerung des Fettkörpers und eine Rückbildung der Fortpflanzungsorgane (Reduzierung der Eizahl bis zur Kastration). Bei der kleinen, im Mittelmeerraum verbreiteten Tachine *Thrixion haledayanum* ernähren sich sogar alle Larvenstadien nur von der Haemolymphe ihres Wirtes, einer Heuschrecke, da ihre verkümmerten Mundgliedmaßen nicht imstande sind, mechanische Verletzungen von Organen herbeizuführen. Obwohl die Heuschrecke bis zu 12 Tachinenlarven in sich tragen kann, kommt es bei ihr nur zu einem Gewichtsverlust und zur Sterilität. Sie bleibt am Leben und gelangt sogar zur Ablage unbefruchteter Eier.

Im allgemeinen beginnt bei den Fliegenlarven erst nach der letzten Häutung die zerstörende Phase. Sie scheiden toxisch wirkende Verdauungsfermente ab, die den Wirt töten. In den meisten Fällen bleibt dabei die Parasitenlarve an Ort und Stelle, doch wandert sie in manchen Fällen auch im Wirtskörper umher. Bei *Dexia rustica* (Tachinidae) wurde beobachtet, dass die Larve in ihrer letzten Phase den Wirt, einen Engerling, kurz verlässt und sich an anderer Körperstelle wieder in ihn einbohrt. Das ähnelt dem Verhalten eines Eisenbahnfahrgastes, der im überfüllten Zug in einen anderen Wagen will und lieber beim nächsten Halt aussteigt und außen herumgeht, als sich im Inneren abzumühen. In ähnlicher Weise könnten auch für die Tachinenlarve – zwar nicht andere Larven – wohl aber bestimmte Wirtsorgane einen Platzwechsel erschweren.

Bei *Blondelia*- und *Compsilura*-(Tachinidae)Larven wurde festgestellt, dass sie in jungem Stadium sich vom Darminhalt ihres Wirtes ernähren. Damit sind sie nach der Definition keine Parasiten, die an lebende Nahrung gebunden sind, sondern Kommensalen, die sich an der Beseitigung toter Substanz beteiligen.

Beobachtungen bei Wanzen-Tachinen (Phasiini) ließen eine wiederum andere parasitische Ernährungsform erkennen. Ihre Larven greifen zwar die Wirtsorgane an, aber nur mechanisch, nicht chemisch mit Fermenten. Damit kommt es zu keiner Vergiftung, wodurch die Wanze das Ausbohren der fertigen Fliege bis zu zwei Wochen lang überlebt.

Es scheint, dass es auf diesem Gebiet noch weitere unbekannte Sachverhalte gibt. So zeigte sich, dass die Larve der Tachine *Tamiclea globula* bei dem Ameisen-Weibchen, in dem sie lebt, nur das zur Bildung der Eierstöcke (Ovarien) vorgesehene Gewebe frisst, so dass der einzige Schaden bei der Ameise in einer Kastration besteht. Diese lebt noch ein bis zwei Monate nach dem Ausbohren der Made und pflegt das von der Fliegenlarve hergestellte Puparium wie ihre eigene Brut.

46. Diapausen
     Entwicklung und Generation

Sowohl die Wirte z.B. Raupen als auch die parasitischen Larven der Schlupffliegen (und Schlupfwespen) gehören zu den wechsel-warmen Tieren, deren Körpertemperatur sich mit der Außentemperatur verändert. Das Wirtstier hat im Hochsommer seine maximale Körpertemperatur und überträgt diese auf die in ihr lebende Parasitenlarve, die darauf mit ihrer minimalen Entwicklungszeit reagiert. Als Entwicklungszeit wird die Zeitspanne zwischen dem Beginn der Ei-(larven-)entwicklung und der Beendigung des Puppenstadiums (= Schlüpfen der Fliege) bezeichnet. Diese Zeitspanne beträgt z.B. bei der in Eulenraupen (Noctuidae) parasitierenden Tachine *Winthemia quadripustulata* 14 Tage, nämlich Ei = 2, Larve = 4 sowie Puppe = 8 Tage. Die Entwicklungszeit bildet den Hauptbestandteil der Generationszeit (Generationsdauer), worunter man die Spanne zwischen den Eiablagen der Fliegen zweier aufeinanderfolgender Generationen versteht. Diese Zeitspanne kann der Entwicklungszeit stark angenähert sein, so z.B. bei der erwähnten Tachinen-Art, wo sie nur etwa eine Woche über die Entwicklungszeit hinausgeht. Diese Woche vergeht mit der Partnersuche, Kopulation und „Vorablegezeit". *Winthemia quadripustulata* kann auf Grund ihrer kurzen Entwicklungs- und Generationsdauer von insgesamt drei Wochen 5, 6 oder gar 7 Generationen zwischen Frühjahr und Herbst entwickeln, wobei zu berücksichtigen ist, dass die dreiwöchige Gesamtdauer auf die wärmste Jahreszeit beschränkt ist. Außerhalb dieser nehmen die Entwicklungs- und Generationsdauer mit abnehmender Temperatur zu.

Mit ihren 5 bis 7 Generationen im Jahr gehört *Winthemia quadripustulata* zu den polyvoltinen (Vielgenerationen-) Schlupffliegen. Die meisten der parasitischen Fliegenarten beschränken sich aber auf 3, 2 oder 1 Generation(en) im Jahr, sind also tri-, bi- oder mono-voltin. Da auch bei ihnen die reine Ei-, Larven- und Puppen-entwicklung schnell verläuft, kann die Verringerung ihrer Generationszahl nur auf der Einschiebung von Ruheperioden = Diapausen in die Entwicklung beruhen.

Wir können bei den Schlupffliegen drei Formen der Diapause unterscheiden: Kälte-, äquate und adäquate Diapause.

Die Kältediapause ist eine rein temperaturbedingte Winterruhe. Nehmen wir als Beispiel wieder *Winthemia quadripustulata*. Ihre Entwicklungs- und Generationsdauer werden vom August ab durch den Abfall der Temperatur immer länger, bis schließlich, meist Ende Oktober, eine mittlere Tagestemperatur herrscht, die unterhalb des Entwicklungsnullpunktes, d.h. jenes Grenzwertes (von etwa 7°C) liegt, von welchem ab Entwicklungsprozesse bei Fliegenlarven erst beginnen. Die gerade zu diesem Zeitpunkt sich verpuppende *Winthemia*-Generation bleibt dann als Puppen-tönnchen im Erdboden ruhen und verfällt in Winterdiapause. Diese dauert so lange, bis die Temperatur im Frühjahr den Entwicklungsnullpunkt wieder überschreitet und die Tachine ihre Entwicklung beenden kann. Hinsichtlich der Temperaturabhängigkeit können natürlich auch Wirt und Parasit differieren. So diapausiert die Larve der Kiefernblattwespe *Diprion pini* in einem festen Larvenkokon bis zu vier Jahren aus Gründen, die bislang nicht geklärt sind. Die in ihr parasitierende Larve der Tachine *Drino inconspicua* macht jedoch diese lange Diapause nicht mit, sondern beendet sie, temperaturbedingt, vor dem ersten Winter und überwintert im Waldboden.

Die äquate und adäquate Diapause unterscheiden sich beide von der Kältediapause grundsätzlich dadurch, dass sie nicht auf dem Außenfaktor Temperatur beruhen, sondern auf dem Innenfaktor Hormonreiz, der vom Wirt oder Parasiten ausgeht.

Äquat (gleichsinnig) wird die Diapause genannt, die beide Partner auf einen hormonellen Reiz gleichsinnig antworten lässt. Zum Beispiel verpuppen sich die im Kunigundenkraut *(Eupatorium)* in Stängelgallen lebenden Raupen der Federmotte *Pterophorus microdactylus*, die alle aus ein und demselben im Mai abgelegten Eigelege stammen, in drei Schüben: Ein 1. Teil im Juli, ein 2. Teil im Mai (nach Überwinterung) und ein 3. Teil im folgenden Juli. Diese Dreiteilung macht die Tachine *Phytomyptera nitidiventris* genau mit: Ihre Larven werden in drei Gruppen zu jedem der drei Termine der Wirtsverpuppung hormonell zum tödlichen Endfraß mit anschließender eigener Verpuppung aktiviert. Hier antworten somit Wirt und Parasit äquat auf die jeweilige Ausschüttung des Verpuppungshormons durch den Wirt, nur mit dem Unterschied, dass der Wirt seine Antwort, die Verpuppung, nicht vollständig beenden kann, sondern zuvor vom Parasiten getötet wird, der seine eigene Verpuppung vollendet. Auch bei den oben genannten *Diprion*-Blattwespen finden wir äquate Diapausen bei Wirten und Parasiten: zusammen mit den bis zu 7 oder 8 (über 4 Jahre verteilt schlüpfenden) Teilpopulationen der Blattwespe schlüpfen auch die jeweils an diese gebundenen Teilpopulationen der Tachine *Diplostichus janithrix*.

Auch das Eherschlüpfen männlicher Wirte (Proterandrie) wird bei der äquaten Diapause vom Parasiten mitgemacht: Die Kiefern-spanner-Tachine *Eucarcelia rutilla* schlüpft aus männlichen Wirtspuppen eher als aus weiblichen, weil die männlichen Falter (Puppen) sich schneller entwickeln.

Bei der adäquaten Diapause fehlt die Gleichsinnigkeit zwischen Wirt und Parasit. Entweder befindet sich nur ein Partner in Diapause oder beide Partner machen unterschiedliche Diapausen durch.

Als Beispiel für den ersten Fall seien die zahlreichen Tachinenarten genannt, deren junge Larven in Schmetterlingsraupen dergestalt diapausieren, dass sie sich nicht oder nur langsam entwickeln d.h. sich in einer von ihnen selbst gesetzten hormonellen Diapause befinden, die sie beenden, wenn der Wirt – hormonell gesteuert – in eine andere Entwicklungsphase übertritt. So reagieren die Larven der Tachinen: *Carcelia processioneae* auf die letzte Häutung der Raupe, *Zenillia libatrix* auf die Verpuppung der Raupe und *Phryxe caudata* auf den Beginn der Falterbildung in der Puppe, jeweils mit der Beendigung ihrer Entwicklungsdiapause: sie beginnen ihren End- (Tod-)fraß mit anschließender eigener Verpuppung.

Das Ziel aller dieser oft komplizierten Entwicklungsverzögerungen ist, dass der fertigen Fliege stets das zur Eiablage notwendige Wirtsstadium zur Verfügung steht.

Die fertige Schlupffliegen-Larve verwandelt sich in eine Puppe, die bei den drei orthorhaphen Familien (S. 97) „frei" ist und den Schmetterlingspuppen ähnelt, während sie bei den sechs cyclorhaphen Familien (S. 97) in der letzten, erhärteten Larvenhaut, die meist tönnchenförmige Puppenhülle (Puparium), eingeschlossen ist.

47. Manche mögen's heiß
   Leben der Fliege

Wenn die fertige Fliege in der Wirtspuppe oder im Tönnchen-Puparium ihre Schlüpfreife erlangt hat, sprengt sie die Wandung der Puppe durch Körperdruck oder das Tönnchen mittels einer blutgefüllten Stirnblase und schlüpft im ersten Fall durch einen Längsspalt, im zweiten durch einen bogenförmigen Spalt ins Freie. Hauptschlüpfzeit sind die frühen Morgenstunden.

Im Durchschnitt schlüpfen die Weibchen 8 bis 14 Tage später als die Männchen (Proterandrie, s.o.). Diese bei vielen Tiergruppen auftretende Erscheinung beruht darauf, dass die weiblichen

Geschlechtsorgane komplizierter gebaut sind als die männlichen und mehr Entwicklungszeit als diese benötigen.

Die Fliegen sind im Allgemeinen bei einer mittleren Tagestemperatur zwischen 15° und 25°C am aktivsten und zeigen an sonnigen trockenen Tagen zwei ausgeprägte Flugzeiten zwischen 8 und 11 Uhr sowie 15 und 17 Uhr. Die heißen Tageszeiten werden zumeist in Ruhe zugebracht. Einige Arten aber, darunter die schon mehrfach genannte Tachine *Winthemia quadripustulata*, mögen es heiß und sind bei Temperaturen über 30°C am aktivsten. Manche wie die Arten der Tachinen-Gattungen *Siphona* und *Dexiosoma* lieben feuchtes Wetter und werden vorzugsweise bei leichtem Regen auf Doldenblüten angetroffen. Die große Mehrheit der Schlupffliegen verhält sich bei Dunkelheit inaktiv. Doch auch hier gibt es Ausnahmen: Die in erwachsenen Käfern, vor allem Maikäfern, parasitierenden *Hyperectiva*-Arten (Tachinidae) haben ihre Aktionszeit jener der Wirtstiere angepasst und fliegen in der Dämmerung.

Über das Zusammenfinden der Geschlechter, die Kopulation und Eiablage wurde an anderer Stelle berichtet. Nach der Kopulation vergeht bis zur Eiablage eine Zeitspanne (Vorablagezeit), die bei manchen Arten 4 bis 7 Tage *(Meigenia mutabilis)*, bei anderen bis zu 25 Tagen (*Ernestia rudis*, beide Tachinidae) dauert. Während dieser Zeit nehmen die Schlupffliegen niemals Blütenpollen zu sich, weil ihre Eier mit Eiweißstoffen versorgt sind. Es fehlt ihnen also der für viele andere Insekten, darunter den meisten Schlupfwespen, typische Reifefraß. Sie versorgen nur sich selbst zwecks Energiegewinnung mit süßen Säften aus Blüten, vor allem Doldenblüten, oder von den Ausscheidungen der Blattläuse und anderer Pflanzensauger (Honigtau). Diese flüssige Nahrung tupfen sie mit dem Rüssel auf.

Auch über ihr Flugverhalten wurde schon einiges mitgeteilt. Die Fliegen sind sehr wendige und schnelle Flieger, aber nur auf Kurzstrecken. Ihre Wanderungs- und Ausbreitungsfähigkeit ist ziemlich eng begrenzt. Den Rekord hält wohl die bei Leningrad untersuchte Aasfliege *Phormia terrae-novae*, die in 10 Tagen 5 Kilometer zurücklegte. Zu weiten Wanderungen, wie bei manchen Schmetterlingen, sind Fliegen nicht imstande. Doch werden sie oft passiv durch Wind und Sturm weit fortgetragen.

Aus zahlreichen Beobachtungen geht hervor, dass die Lebenszeit der erwachsenen Fliegen im Allgemeinen 4 bis 8 Wochen währt, wobei die Weibchen um ca. 25 bis 50% länger leben als die Männchen.

48. Todesfalle Häutung
Verluste der Schlupffliegen

Die an oder in den Wirt abgelegten Eier sowie die im Wirt parasitierenden Fliegenlarven sind einer Reihe von Gegenwirkungen ausgesetzt, die vielfach zu ihrem vorzeitigen Tode führen, nämlich: physiologische Unstimmigkeit, Häutung, Eifraß, Einkapselung, Wirtskrankheiten, intra- und interspezifische Konkurrenz sowie Sekundärparasiten.

Es beginnt schon damit, dass die physiologische Stimmigkeit (Angepasstheit) als Voraussetzung für eine erfolgreiche Parasitierung gegeben sein muss. Sie bildet auch die Grundlage für die Wirtsbindung des Parasiten (S. 61). Man kann das „Zueinander-Passen" auch experimentell prüfen. In den USA wurden die Mikroeier der Tachine *Sturmia scutellaria* an die Raupen zweier *Malacosoma-* (Lymantriidae-)Arten sowie zweier anderer Schmetterlingsarten verfüttert mit dem Ergebnis, dass die Parasiten in den beiden *Malacosoma*-Arten sich normal entwickelten, während sie in den beiden anderen Raupenarten abstarben. Bei mehreren im vergangenen Jahrhundert in verschiedenen Erdregionen eingeschleppten Schadinsektenarten wurde die Entstehung von Parasitenanpassungen verfolgt in der Hoffnung, dass einheimische Schlupffliegen und -wespen sich an die unerwünschten Neuankömmlinge rasch anpassen und sie vernichten würden (siehe:

Biologische Schädlingsbekämpfung). Besondere Aufmerksamkeit widmete man dabei den beiden europäischen Blattkäfer-Tachinen *Meigenia mutabilis* und *Marquartia grisea*, ob sie wohl imstande seien, den aus Nordamerika nach Europa verschleppten Kartoffelkäfer, *Leptinotarsa decemlineata*, erfolgreich zu parasitieren. Am Anfang, vor etwa 50 Jahren, war man hoffnungsfroh, als man sah, dass die beiden Tachinen die Kartoffelkäferlarven mit Eiern belegten und aus diesen in den Käferlarven die Fliegenlarven schlüpften. Dass letztere noch im L1-Stadium abstarben, wurde als Anfangsschwierigkeit im Anpassungsprozess betrachtet. Leider sind aber in dieser Sache seitdem keine deutlichen Fortschritte sichtbar. Die Anpassung, wenn sie denn besteht, verläuft auf jeden Fall sehr langsam.

Die physiologische Stimmigkeit erstreckt sich auch auf das Geschlecht und das Entwicklungsstadium des Wirtes. So parasitiert die Tachine *Hyperectina longicornis* nur in erwachsenen Blatthornkäfern und noch dazu ausschließlich in deren Weibchen. Warum diese Spezialisierung? Und wie erkennt die Tachine das weibliche Geschlecht? Ungelöste Fragen. Eine enge Anpassung besteht in vielen Fällen an das Entwicklungsstadium der Wirtslarve. Zum Beispiel dringen die Larven von *Microphthalma europaea* (Tachinidae) in den Erdboden ein, um *Polyphylla*-Engerlinge zu befallen. Doch nur wenn sie auf das 2. Engerlingsstadium treffen, gelingt die Parasitierung. Anderenfalls gehen Wirtslarve und Parasit binnen Kurzem zu Grunde.

Als eine sehr wirksame Waffe der Gliederfüßlerlarven, z.B. Raupen, gegen die Eiablage von Schlupffliegen an ihren Körper, hat sich die Häutung erwiesen. Denn mit jeder alten Haut werden auch die daran klebenden, noch ungeschlüpften Fliegeneier abgestreift und vernichtet, wobei natürlich die oviparen Fliegenarten, also jene, deren Eier noch mehrere Tage bis zum Schlüpfen warten müssen, besonders betroffen sind. So wurde während einer Massenvermehrung des Nonnenspinners *Lymantria monacha* in Sachsen festgestellt, dass die Haupttachine, *Parasetigena segregata*, rund ein Viertel ihrer Eier durch die Raupenhäutung verlor. In Finnland fand man bei einer Vermehrung des Meerrettichkäfers *Phaedon cochlearia*, sogar einen 30 bis 35 prozentigen Eiverlust der Tachine *Meigenia mutabilis* durch die Häutung der Käferlarven.

Doch kommen Verluste von am Wirtskörper haftenden Schlupffliegeneiern nicht allein durch Häutung zustande, sondern auch durch Eifraß seitens der betroffenen Wirtslarven. Allerdings belegen die Schlupffliegen vorzugsweise die vorderen Körperteile, an die der Wirt nicht herankommt. Überrachenderweise wurde beobachtet, dass bei den gesellig lebenden Larven des Erlenblattkäfers, *Agelastica alni*, die Eier der Tachine *Meigenia mutabilis* an solchen Stellen, die die Wirtslarve nicht erreichen kann, von benachbarten Larven zerbissen wurden. Diese Hilfe verwundert um so mehr als sie den helfenden Larven keine Vorteile (etwa Nahrung) gewährt.

Sobald nun die parasitierende Junglarve sich im Wirtskörper befindet, beginnen auch für sie Gefahren. Eine davon geht vom Wirt aus, welcher versucht, den Eindringling mit freien Zellen abzukapseln und damit zu töten. So lange die junge Parasitenlarve noch im Wirtkörper umherwandert, ist sie hierfür besonders anfällig. Das wurde z.B. bei der Tachine *Gonia ornata* beobachtet: Sobald die *Gonia*-Junglarve, die quer durch den Körper einer Erdeulenraupe (Noctuidae, *Agrotis* sp.) zum Oberschlundganglion wandert, dies zu langsam tut, wird sie unterwegs eingekapselt. Das Einkapseln junger Fliegenlarven ist wahrscheinlich weiter verbreitet als man denkt. Im Körper von fast 60% der Larven der Gespinstblattwespe *Acantholyda stellata* wurden junge Tachinenlarven unbekannter Art festgestellt, die sämtlich durch Einkapselung abgestorben waren.

Vor besonderen Problemen stehen die endoparasitischen Fliegenlarven, wenn ihre Wirte, z.B. Raupen, von einer Bakterien- oder Viruskrankheit befallen werden. Die Gefahr für sie besteht nicht in einer Ansteckung, denn die Krankheiten sind artspezifisch, sondern vielmehr darin, dass ihre Nahrung durch die Krankheit ungenießbar wird und sie zu verhungern drohen. Die Fliegenlarven versuchen daher in solchen Situationen ihre Entwicklung durch Notverpuppung zu beenden. Bei den Larven der Tachine *Pales pavia* in viruskranken Raupen des Ringelspinners *(Malacosoma neustria)* und der Gammaeule *(Plusia gamma)* wurde eine solche Notverpuppung beobachtet. Dabei wiesen die geschlüpften Fliegen im Durchschnitt nur 1/10 des normalen Gewichtes auf, waren also regelrechte „Zwergfliegen". Trotz ihrer Kleinheit waren sie noch zur Fortpflanzung imstande, allerdings mit stark verminderter Eizahl.

Weit verbreitete Sterblichkeitsfaktoren bei parasitischen Fliegenlarven bestehen in der inner- (intra-) und zwischen- (inter-) artlichen Konkurrenz. Im ersten Fall konkurrieren in einem Wirtstier mehrere Larven derselben nicht gregären Fliegenart. Wir erinnern uns, dass die Larven von gregären Fliegen in geregelter Weise zu mehreren zusammen leben ohne der Konkurrenz zu unterliegen. Wenn aber von nicht gregären Fliegenarten ein Weibchen mehrere Eier in oder an den Wirt ablegt oder mehrere Weibchen denselben Wirt benutzen (Überbelegung), findet zwischen den Larven ein Konkurrenzkampf statt, aus dem entweder die stärkste oder die sich am schnellsten entwickelnde Larve als Sieger hervorgeht. Zum Beispiel werden von der bekannten Schwamm- und Nonnenspinner-Tachine *Parasetigena sylvestris* in der Regel mehrere Eier an eine Wirtsraupe abgelegt, doch bleibt stets nur eine Larve am Leben.

Wesentlich häufiger als bei den Schlupfwespen kommt bei den Schlupffliegen die zwischenartliche (interspezifische oder Multiparasitierungs-)Konkurrenz vor. Das zeugt von der Überlegenheit der Schlupfwespen in der Erkennung von bereits parasitierten Wirten. Sobald mehrere Parasitenarten in ein Wirtstier gelangen, werden von der stärksten Larve die schwächeren ausgeschaltet. Die stärkste Larve ist meist jene, die zuerst da war, jedoch kann sie von einer späteren, die sich schneller entwickelt, verdrängt werden. Ein Beispiel hierfür findet sich in Schwammspinner-Raupen, die zuerst von der oben genannten Tachine *Parasetigena sylvestris* und etwas später von *Drino inconspicua* belegt wurden. Die *Drino*-Larve entwickelte sich schneller und verursachte dadurch das Absterben der *Parasetigena*-Larve. Die Multiparasitierung kann auch zum Kampf einer Fliegenlarve mit einer Schlupfwespenlarve führen, wenn beide in denselben Wirt gelangen. Die Unterlegene ist dabei fast immer die Tachinenlarve. In einer Raupe des Goldafters *Euproctis chrysorrhoea* fand man zugleich eine Larve der Tachine *Alsomyia nidicula* und eine solche der Bracomide *Meteorus versicolor*. Die Tachinenlarve verließ ihren angestammten Platz, irrte im Wirtkörper umher und starb ab. Offensichtlich ohne direkte Einwirkung der Schlupfwespenlarve. Es wird angenommen, dass hier chemische Reize von der letzteren ausgingen und zur Änderung des Verhaltens der Fliegenlarve führten.

Schließlich bildet auch der Sekundär- (Hyper-)parasitismus durch viele darauf spezialisierte Schlupfwespenarten einen ernsten Sterblichkeitsfaktor für die Schlupffliegen. Während letztere unter ihren 1000 Arten nur 2 sekundärparasitisch bei Schlupffliegen- und Schlupfwespenlarven lebenden, nämlich die beiden Hummelfliegen *Hemipenthes maurus* und *H. morio* (S. 115) haben, gibt es viele hunderte Schlupfwespenarten, die in anderen Schlupfwespen oder in Schlupffliegenlarven hyperparasitieren. Hierin liegt ein ernstes Hindernis beim Einsatz von Fliegen zur biologischen Schädlingsbekämpfung (S. 147). Bei den Kohlweißlingsraupen (*Pieris brassicae*) zum Beispiel wird die häufige Tachine *Phryxe vulgaris* regelmäßig durch die Schlupfwespe *Apanteles rubeculus* (Braconidae) hyperparasitert, wodurch im Durchschnitt ein Drittel der *Phryxe*-Larven vernichtet wird.

IV. Schlupfwespen und -fliegen im Ökosystem

49. Nichts geht zu Grunde
     Ökosystemgleichgewicht

Leben gibt es nicht für sich allein, sondern stets nur in der Gemeinschaft als Bestandteil eines Systems aus Pflanzen, Tieren und Mikroorganismen, das wir als Ökosystem bezeichnen und das uns als Baustein des Ökosystemmosaiks (= Landschaft) aus Wäldern, Wiesen, Teichen, Mooren u.s.w. entgegentritt. Wie der Name Ökosystem (griechisch: oikos = Haushalt) besagt, hat jeder dieser Mosaikbausteine der Landschaft seinen eigenen Haushalt, in welchem sich die Produktion einerseits und der Verbrauch und die Abfallbeseitigung andererseits im Gleichgewicht befinden (Ökosystemgleichgewicht). Mit anderen Worten: Was im Ökosystem jährlich an organischer Substanz hinzukommt, wird im gleichen Zeitraum verbraucht, und der Abfall wird restlos recycelt. Dass hierin das Wesen der Natur liegt, wusste bereits vor mehr als 2000 Jahren der römische Naturforscher LUCRETIUS, der den Sachverhalt in seinem Buch „De rerum naturae" (Über die Natur) in folgendem Vers zusammenfasste:

> „Daher geht nichts ganz zu Grunde,
> auch wenn es dem Blick so erscheint,
> weil die Natur alle Stoffe von neuem verwendet
> und immer Neues erst schaffen kann,
> wenn das Alte im Tode zerfallen."

In etwas ausführlicherer Form besagt der vorstehende Vers: Die in einem Ökosystem jährlich durch die Pflanzen (Produzenten) neugebildete Pflanzenmasse wird durch die direkten (phytohpagen) und indirekten (zoophagen) Konsumenten verzehrt, und alles was an totem organischen Material anfällt (tote Pflanzen und Tiere, Laubfall, Kot u.a.m.), wird von den meist mikroskopisch kleinen Zersetzern (Reduzenten) abgebaut und den produzierenden Pflanzen als Nährstoffe wieder zugeführt.

Je tiefer wir in diesen Prozess hineinblicken, desto grandioser wird das Bild, das wir gewinnen. Denn mit den genannten Eckpfeilern: Produktion – Konsumption – Reduktion wird nur der Gesamtkreislauf grob umrissen. Die nähere Betrachtung lässt erkennen, dass dieser große Kreislauf die Resultierende bildet aus einer Reihe größerer Teilkreisläufe wie den Sauerstoff-, Stickstoff- oder Wasserkreislauf sowie aus sehr vielen kleinen Kreisläufen, die Artgleichgewichte der am Ökosystem beteiligten Organismen, darunter auch der Schlupfwespen und Schlupffliegen.

Alle Ökosystemkreisläufe des Erdballs umfassend ist aber der Fundamentalkreislauf, auch „Fundamentalsymbiose" genannt: Die Pflanzenwelt verbraucht Kohlendioxid und stellt Sauerstoff her, und umgekehrt benötigt die Tierwelt den Sauerstoff und scheidet Kohlendioxid aus.

50. V – S = O
Artgleichwicht

Das Ökosystem als Baustein der belebten Erdoberfläche erhält sich im Gleichgewicht und damit in weitgehender Unabhängigkeit, weil alle seine Organismenarten ihrerseits im Gleichgewicht mit ihrer Umwelt stehen. Bei diesen Artgleichgewichten halten die Vermehrungs- (V) und die Sterblichkeits- (S) faktoren einander die Waage. Die einfache Gesamtformel des Artgleichgewichtes lautet demgemäß V = S oder V – S = O. Nur bei Erfüllung dieser Formel kann eine Organismenart existieren. Denn wenn z.B. bei einer pflanzenfressenden Insektenart die Vermehrung dauernd über der Sterblichkeit liegen würde (V > S), wäre die Nahrung binnen kurzem verzehrt und die Art ausgelöscht. Wenn umgekehrt die Sterblichkeit anhaltend größer wäre (V < S), würde die Art ebenfalls bald ausgestorben sein.

Um das Widerspiel zwischen Vermehrung und Sterblichkeit zu verdeutlichen, sei der Lebensablauf einer Generation des Kiefernspanners, *Bupalus piniarius*, näher betrachtet. Man bezeichnet eine derartige Betrachtung als Populationsanalyse (Population = sämtliche Angehörige einer Organismenart im Ökosystem). Sie bezieht die Umweltwirkungen auf die Populationsdichte, d.h. die Zahl der Artangehörigen pro Bezugseinheit. Es sei von einer Populationsdichte von 2 Puppen pro Quadratmeter (2 Puppen/qm) des Kiefernspanners nach der Überwinterung, Mitte April, im Kiefernwaldboden ausgegangen sowie davon, dass es sich bei den Puppen um ein Weibchen und ein Männchen handelt. Nach dem Schlüpfen kopulieren die beiden Falter und das Weibchen legt 100 Eier an Kiefernnadeln ab. Damit hat sich die Population von 2 Puppen/qm auf 100 Eier/qm, d.h. um das 50fache erhöht. Aber schon wirken die Sterblichkeitsfaktoren auf die Eier ein wie Hitze, Vertrocknung, Eiräuber, Eiparasiten u.a. und führen dazu, dass statt 100 Eiraupen/qm nur 50/qm schlüpfen. Auch die Raupen, deren Fraßzeit beim Kiefernspanner relativ lange (3 Monate) dauert, fallen zum großen Teil den Sterblichkeitsfaktoren (Krankheiten, Räuber, Parasiten, Witterung) zum Opfer, so dass nur noch 10 Altraupen/qm sich im Oktober im Waldboden verpuppen. Schließlich greifen die Sterblichkeitsfaktoren auch im Puppenlager an, so dass am Ende der Generation die Population wiederum nur aus zwei schlüpfbereiten Puppen pro Quadratmeter besteht. Von 100 Eiern zu 2 Faltern, das entspricht einer Mortalität von 98%, durch welche die Population auf gleicher Höhe gehalten wird.

Vorstehende fingierte Analyse des Artgleichgewichts einer zum Ökosystem Kiefernwald gehörenden Insektenart, war sehr grob. Sie berücksichtigte nicht die vielen detaillierten V- und S-Faktoren. So werden z.B. Raupenkrankheiten durch Trockenperioden gehemmt und durch feuchtes Wetter begünstigt oder es wird durch Wärme die Raupenentwicklung beschleunigt, wodurch die Raupen sich eher als sonst verpuppen und sich ihren oberirdischen Feinden entziehen können. Wenn wir das Populationsgeschehen näher betrachten, erkennen wir wie die Entwicklungsstadien des Kiefernspanners sich mit vielen Hunderten unbelebter (abiotischer) und belebter (biotischer) V- und S-Faktoren auseinandersetzen, und

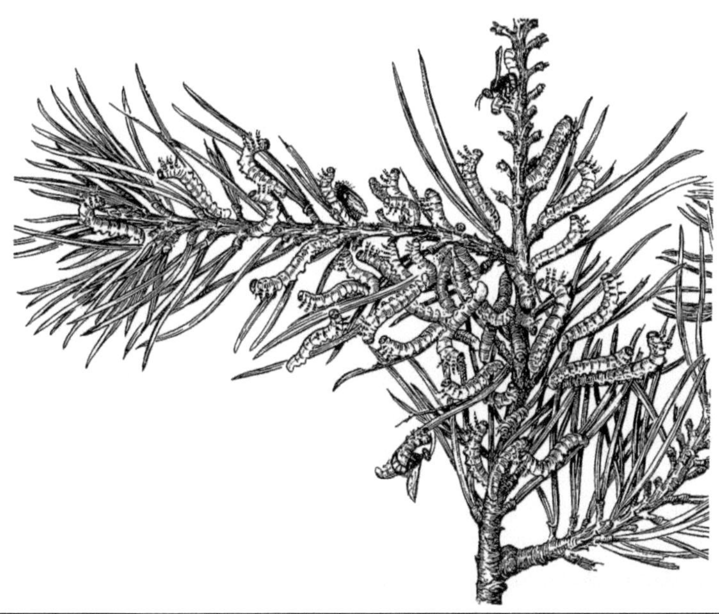

Abb. 35   Larven- (Afterraupen-) „Nest" der Kiefernblattwespe,
Diprion pini. Zwei Schlupfwespen legen ihre Eier in die
Larven hinein, eine Raupenfliege heftet ihre Eier an eine
Larve an

wir sehen auch, dass alle Lebewesen, mit denen es der
Kiefernspanner zu tun hat, ihrerseits die gleichen Probleme haben.
Auch ihre Artgleichgewichte sind mit dem Kiefernspanner und
zugleich zahlreichen anderen Umweltfaktoren verknüpft. So sind
bisher 56 Arten Schlupfwespen und 9 Arten Schlupffliegen als
Parasiten von *Bualus piniarius* bekannt, die alle nicht monophag
sind, also noch andere Insektenarten als Wirte haben. Sie sind über-
wiegend bi-, tri- oder polyvoltin, benötigen somit für ihre
Generationen zu verschiedenen Jahreszeiten verschiedene
Insektenarten als Zwischenwirte. Bei weiterer Verfolgung dieser
Kreuz- und Querbeziehungen gelangen wir zu einem räumlichen
Netz, in welchem tatsächlich sämtliche Organismenarten des
Ökosystems mit ihren Artgleichgewichten direkt oder indirekt,
näher oder weiter entfernt, verknüpft sind. Mit anderen Worten:

Die Resultierende der Artgleichgewichte bildet das Ökosystemgleichgewicht.

Eine detaillierte Betrachtung zeigt uns, dass gerade den Schlupfwespen und -fliegen eine besonders wichtige Rolle als Regulatoren der Populationsdichte ihrer Wirtstiere, besonders der Insekten, zukommt. Und wenn es sich bei diesen um ernste wirtschaftliche Schädlinge handelt, können wir gut verstehen, dass die Land- und Forstwirte, Gärtner und Winzer die parasitischen Wespen und Fliegen als „heimliche Helfer" bezeichnen.

Die Hilfe kann dabei in zweierlei Form geleistet werden: einmal vorübergehend bei der Eindämmung und Beendigung von Schädlingsmassenvermehrungen und zum anderen dauernd bei der Niedrighaltung von Schädlingen unter der Schadensgrenze.

Bei den erstgenannten, vorübergehenden Aktivitäten der Schlupfwespen und –fliegen schöpfen diese ihr großes Vermehrungspotential in kürzester Zeit voll aus und stellen quasi der Massenvermehrung ihres Wirtes, des Schädlings ihre eigene Massenvermehrung gegenüber. Wenn zum Beispiel die Baumkronen eines Waldes von schädlichen Raupen wimmeln, wimmelt es plötzlich auch von Schlupfwespen und –fliegen, die diese Raupen angreifenau. Hierzu ein instruktives Beispiel: Bei den Anfang des vorigen Jahrhunderts im Ebersberger Forst bei München an mehreren Tausend Hektar Fichtenwald zur Massenvermehrung gelangten Raupen des Nonnen-Spinners, *Lymantria monacha*, bildete den entscheidenden Faktor für den Zusammenbruch dieser Vermehrung der Hauptparasit des Schädlings, die Tachine *Parasetigena segregata*. Auf dem Höhepunkt der Raupenvermehrung traten damals die *Parasetigena*-Fliegen in derart großer Menge auf, dass die weißen Hauswände in den umliegenden Dörfern mit Fliegen, die durch die weiße Farbe angelockt wurden, schwarz bedeckt waren. Stichproben zeigten, dass buchstäblich in jeder *Lymantria*-Raupe eine *Parasetigena*-Larve parasitierte.

So wichtig für den Wirtschafter die soeben betrachtete kurzzeitige Hilfe der parasitischen Wespen und Fliegen für die Niederschlagung von Schädlingsvermehrungen auch ist, so wird sie doch an Bedeutung weit übertroffen von der Dauerhilfe dieser Tiere gegen Schädlinge außerhalb von Massenvermehrungen. Hierzu liegen heute sehr viele Beispiele vor, aus denen hervorgeht, dass an der stetig vor sich gehenden, natürlichen Vernichtung aller Entwicklungsstadien schädlicher Insekten, wodurch deren Anzahl (Dichte) unter der Schadensschwelle gehalten wird, die parasitischen Wespen und Fliegen in der Regel einen gewichtigen Anteil haben.

Als Beispiel seien einige erst jüngst veröffentlichte, in Bulgarien gewonnene, Erkenntnisse über die Weidengallmücke, *Dasyneura saliciperda* (Dipt., Itoniidae) genannt. Die Larven der Gallmücke verursachen gallenförmige Rindenverletzungen an jungen Weidenbäumchen in Baumschulen. Man fand, dass die Populationsdichte des Schädlings in erster Linie durch fünf Erzwespenarten (Chalcidoidea), die in den Mückenlarven schmarotzen, niedrig gehalten wird. Als Hauptparasit fungierte *Eurytoma afra* (Chalc., Eurytomidae) mit 21,9% bis 53,5% Tötungsquote. Zusammen mit einigen anderen Sterblichkeitsfaktoren (Krankheiten, Räuber u.a.) drücken hier also die Erzwespen als Larvenparasiten den Weidenschädling auf ein wirtschaftlich tragbares Niveau herab.

51. Der weise Mensch
    Gestörte Gleichgewichte

Die vorstehenden zwei Kapitel klammerten eine Art von Lebewesen aus den Ökosystemen aus: den Menschen. In der Zoologie steht er an der Spitze der Tierwelt und erhielt den Gattungsnahmen Homo (Mensch) sowie den Artnamen sapiens (weise). Dieser „weise Mensch" hat es in den vergangenen Jahrhunderten fertiggebracht und ist auch heute noch damit beschäftigt, die Natur, somit die Ökosysteme, weitgehend zu stören und zu zerstören. Nachdem die naturbewussten Menschen diesem Treiben allzu lange tatenlos zugeschaut hatten, sind

FOTO c) Am Fusse einer kahlgefressenen Kiefer sich ansammelnder Haufen hungernder *Diprion*-Larven

sie in jüngerer und jüngster Zeit endlich aufgewacht und formieren sich weltweit, um zu retten, was noch zu retten ist. Hier soll von dem verhängnisvollen Umgang des Menschen mit der Natur nur insoweit die Rede sein als der Gegenstand unseres Buche, die Schlupfwespen und -fliegen, davon betroffen sind.

Vorstehend lernten wir kennen, wie das natürliche, d.h. vom Menschen unbeeinflusste, Ökosystem als Resultierende aus den zahlreichen ihm angehörenden Artgleichgewichten funktioniert. Von hier aus ist leicht einzusehen, dass das Gesamtsystem um so stabiler ist, je dichter das räumliche Beziehungsnetz der Artgleichgewichte ge-

FOTO **d)** Im Herbst 1960 im Nürnberger Reichswald von *Diprion*-Larven
kahlgefressener Kiefernwald

knüpft ist. Man kann es auch so ausdrücken: Je ärmer an Organismenarten ein Ökosystem ist, desto empfindlicher ist es gegen Störungen seines Gleichgewichtes. Letztere treten z.B. als Unwetterschäden, Wasserhaushaltsstörungen oder Insektenmassenvermehrungen auf.

Betrachten wir als Beispiel die Wald-Ökosysteme. Der Wandel des Waldbildes im größten Teil Europas in den vergangenen Jahrhunderten lässt sich an den Ortsnamen ablesen: Mehr als 6000 deutsche Ortsnamen gehen auf Laubbäume, weniger als 800 auf Nadelbäume zurück. Dagegen bestehen heute in Deutschland die

FOTO e) Gestufter Laub/Nadel-Mischwald

auf ein Drittel der Landesfläche zurückgegangenen Wälder zu rund 30% aus Laub- und zu 70% aus Nadelbäumen. Der Mensch hat also die Wälder „vernadelt".

Die heutigen Reste der ehemals flächendeckenden Laubmischwälder zeigen, wie ein natürlicher Wald in etwa aussieht. Seine artenreiche, in mehreren Stockwerken angeordnete Vegetation (FOTO e) beherbergt eine Fülle von Lebewesen, erzeugt einen fruchtbaren Boden und besitzt ein stabiles Ökosystemgleichgewicht. Vor allem wegen ihrer guten Böden wurden diese Wälder gerodet und zu Äckern und Wiesen umgewandelt, also zu Agrosystemen, die eine tiefe Stufe von Ökosystemen darstellen. Nur die Bestände auf ärmeren Böden, in denen meist Nadelhölzer dominieren, ließ man bestehen. Doch auch sie wurden zwecks Steigerung der Wirtschaftlichkeit in reine Fichten- und Kiefernwälder (Baum-Monokulturen) (FOTO d) umgewandelt. Während in einem gestuften Mischwald nur einzelne Bäume geerntet werden, wobei der Wald als Ganzes bestehen bleibt

(Dauerwaldwirtschaft), werden die Monokulturen im „hiebsreifen" Alter bis auf den letzten Baum gefällt und die Kahlschlagsflächen mit neuen Bäumen bepflanzt (Kahlschlagwirtschaft). Die Folgen dieser Monokultur-Wirtschaft sind ökologisch und gesamtwirtschaftlich betrachtet, katastrophal.

Entsprechend der extremen Armut an ökologischen Nischen ist die Zahl an Organismenarten in diesen Wäldern sehr gering. Das Netz der Artgleichgewichte ist sehr grobmaschig und an vielen Stellen zerrissen. Daher können Raupen, Borkenkäfer und andere Pflanzenfresser in oft riesigen Mengen auftreten, denn es fehlt an räuberischen und parasitischen Regulatoren, vor allem an Schlupfwespen und -fliegen. In den vergangenen zwei Jahrhunderten sind unzählige verheerende Insekten-Massenvermehrungen über unsere Wälder hinweggegangen. Da der Mensch die natürlichen Regulatoren aus diesen Wäldern weitgehend entfernte, musste er selbst ihre Rolle übernehmen und er tat das bis in die heutige Zeit hinein hauptsächlich mit chemischen Schädlingsgiften (Pestizide) (S. 148). Damit wurde aber der Teufel mit Beelzebub ausgetrieben, denn die breitenwirksamen Pestizide vernichteten zugleich den größten Teil der nützlichen Spinnen- und Insektenfauna und erhöhten dadurch die Schädlingsanfälligkeit der Wälder nur noch mehr.

Bei den anderen Ökosystemen ist es im Prinzip nicht anders: Moore wurden enttorft, Teiche und Auenwälder trockengelegt, Flüsse reguliert, Hecken entfernt, Brachland aufgeforstet u.a.

Doch sind die wenigsten dieser Änderungen unwiderruflich. Wir können hoffen, dass es gelingt, die unheilvolle Entwicklung zu stoppen und so weit wie möglich rückgängig zu machen!

V. Schädlingsbekämpfung mit Schlupfwespen und -fliegen

52. Duftstoff-Fallen
    Schädlingsbekämpfung im Umbruch

Der Mensch ist ein egozentrisches Wesen, das sich für das Maß aller Dinge hält. So bezeichnet er denn auch Tierarten, die ihm wirtschaftlich missliebig sind, als „Schädlinge". Die Natur aber kennt keine Schädlinge. Jede Tierart ist für das Ökosystem, dem sie angehört, notwendig. Es gibt nur einen Schädling auf Erden, das ist der Mensch, der sich neben die Natur stellt und sie beschädigt oder zerstört. Eine Folge seiner naturfeindlichen Tätigkeit besteht darin, dass er viele Tierarten, vor allem Insekten, in seinem Sinne zu Schädlingen gemacht hat, die er, um die Produktionen seiner Agrosysteme und Baummonokulturen zu retten, bekämpfen muss.

Die Maßnahmen zur Bekämpfung der zu Schädlingen gemachten Tiere haben sich in den vergangenen Jahrhunderten stark gewandelt. Bis in die Neuzeit hinein stand man den großen Insektenübervermehrungen in der Land- und Forstwirtschaft weitgehend hilflos gegenüber. Das änderte sich schlagartig, als in der Mitte des vorigen Jahrhunderts die chemische Forschung und Industrie einen Entwicklungssprung machten, in dessen Rahmen auch zahlreiche Schädlingsgifte (Pestizide, engl. pest = Schädling), insbesondere Insektizide, von großer Vernichtungskraft und Breitenwirkung wie DDT, HCH, P-Ester u.a. hergestellt wurden. Frohlockend glaubte man, damit das Schädlingsproblem ein- für allemal aus der Welt schaffen zu können. Aber das Gegenteil war der Fall: Die zu wenig beachteten Nebenwirkungen führten zu einer Verschärfung des Schädlingsproblems. Zu diesem Thema ist inzwischen eine eigene Literatur entstanden. Uns interessiert hier nur die Tatsache, dass der im vorigen Kapitel genannte Aufstand der naturbewussten Menschen gegen die immer stärker werdenden Beschädigungen der Natur und damit unserer Umwelt nicht zuletzt sich auch gegen die umweltfeindliche chemische Schädlingsbekämpfung richtet und umweltverträgliche, im weiten Sinne biologische Maßnahmen zur Bekämpfung schädlicher Tiere fordert. Im Prinzip wäre es möglich, die Schädlingsbekämpfung ganz überflüssig zu machen, wenn es gelänge, die Ökosysteme wieder herzustellen. Leider muss das aber ein Wunschtraum bleiben. Die Bevölkerungsdichte der Erde ist inzwischen zu groß und die Ökosystemveränderungen sind zu weit fortgeschritten, als dass es möglich wäre, die paradiesischen Urzustände wiederherzustellen. Zur Sicherung der Ernährung von sechs Milliarden Menschen sind Maßnahmen zur Ausschaltung der die Pflanzenproduktion bedrohenden Tiere, insbesondere Insekten, notwendig.

Die hierfür zur Verfügung stehenden umweltschonenden Verfahren lassen sich in vier Gruppen zusammenfassen: 1. Physikalische Verfahren wie Absammeln, mechanische Fallen u.a., 2. Chemische Verfahren mit selektiven, nur die Schädlinge treffenden Substanzen, 3. Biologische Verfahren im weiten Sinn: a) Kulturmaßnahmen wie Düngung, Fruchtfolge, Züchtung u.a., b) Biotechnische Bekämpfung mit Anlockungs- (z.B. Sexualduftstoff) Fallen, Fraßhemmstoffen, Entwicklungs- (z.B. Häutungs-) Hemmstoffen sowie c) Biologische Bekämpfung in engem Sinn: Organismen (Pathogene, Räuber oder Parasiten, darunter Schlupfwespen und -fliegen) gegen Schädlinge. Von diesen wäre wahrscheinlich die chemische Bekämpfung mit selektiven Giften vielen Praktikern am liebsten, weil sie leicht zu handhaben ist und nicht zum Umdenken und -handeln zwingt. Aber es sieht nicht so aus, als würde es gelingen, artspezifische Insektengifte herzustellen. Am häufigsten und mit den relativ besten Ergebnissen werden heute einige biotechnische Verfahren mit Entwicklungshemmstoffen gegen Raupen sowie mit Sexualduftstoffen (Pheromonen) gegen Borkenkäfer und manche Schmetterlingsfalter angewandt. Auf sie kann hier nicht näher eingegangen werden. Aber auch für sie ist unwahrscheinlich, dass man sie von unerwünschten Nebenwirkungen (z.B. Entwicklungshemmungen bei nicht schädlichen Insekten) befreien könnte.

Bei der rein biologischen Bekämpfung (Organismen gegen Organismen) zeigen bisher die Anwendungen mit Pathogenen (Viren, die hier mit zu den Organismen gerechnet werden sowie Bakterien) die besten Ergebnisse. Leider ist jedoch auch ihre Selektivität begrenzt und zudem ist die Ausbringung von Krankheitserregern gleich welcher Herkunft im Hinblick auf eine mögliche Gefährdung des Menschen stets problematisch.

Uns interessiert im folgenden der Einsatz von Schlupfwespen und -fliegen zur biologischen Bekämpfung schädlicher Insekten in Gärten, Feldern und Wäldern. Dieser ist mit zwei unterschiedlichen Zielsetzungen möglich: als schnell und vorübergehend wirksame Vernichtung oder als dauernd wirksame Senkung der Dichte des Schädlings.

53. Prinzip Feuerwehr
Kurzzeitwirkungen

In ihrer Hauptarbeit gleicht der heutige Pflanzenschutz der Feuerwehr: Starke Vermehrungen von schädlichen Insekten bedrohen die Pflanzenproduktion, und zur Rettung dieser rückt der Pflanzenschutz mit der Spritze bzw. dem Sprühgerät an und vernichtet die Schädlinge. Gegen dieses Verfahren als Notmaßnahme wäre nichts einzuwenden, wenn sie selektiv wirken, d.h. nur die Schadinsekten und nicht zugleich die Umwelt treffen würde. Leider ist sie aber breitenwirksam und bezieht auch Nichtschädlinge mit ein.

Ganz schlimm war es bis vor wenigen Jahren, als man die synthetischen Insektizide (Insektengifte) wie DDT, HCH, P-Ester u.a. – meist mit dem Hubschrauber – ausbrachte. Da wurde bei einer Bekämpfungsaktion praktisch die gesamte Insekten- und Spinnenfauna vernichtet mit der Folge, dass das betreffende Ökosystem erst recht schädlingsanfällig wurde. Fortschritte gab es in jüngerer Zeit durch die Einführung wenigstens partiell selektiver Sprühmittel, vor allem von Häutungshemmstoffen (Diflubenzuron und Verwandte) sowie von Bakterien (*Bacillus thuringiensis*, als

Sporen). Die ersteren richten sich gegen Insekten im Larvenstadium, die besprühte Pflanzenteile fressen und sich dann nicht mehr häuten können, während die letzteren alle Entwicklungsstadien infizieren. Doch ist die Empfindlichkeit der einzelnen Insektenarten gegen den Bazillus sehr verschieden. Von einer befriedigenden Selektivität kann weder bei den Häutungshemmern noch bei den Insekten-Pathogenen die Rede sein. Und es sieht auch nicht so aus, als wären auf diesem Gebiet noch wesentliche Verbesserungen möglich. Zur Ausbringung von Krankheitserregern ist auch zu bedenken, dass sie hinsichtlich einer möglichen Gefährdung des Menschen problematisch bleibt.

Die Tatsache, dass es bei den Schlupfwespen sehr kleine Parasiten von Insekteneiern gibt, ließ den Gedanken aufkommen, solche Parasiten in Eiern von Ersatzwirten, z.B. der Mehlmotte, in Massen zu züchten und die parasitierten Eier mittels einer Spritzbrühe gegen Obstschädlinge, vor allem den Apfelwickler (Obstmade), *Carpocapsa pomonella,* auszubringen, quasi also parasitierte Eier zu spritzen. Entsprechende Versuche mit *Trichogramma evanescens* (Chalcidoidea) erbrachten jedoch keinen Erfolg. Bei ähnlichen Versuchen mit kleinen Pappkarten, auf welche die parasitierten Eier geklebt und in den Obstbäumen ausgehängt wurden, zeigte sich, dass eine sehr große Zahl (ca. 100 000) Parasiten in einer Baumkrone ausgebracht werden müssen, um eine nennenswerte Erhöhung der natürlichen Eiparasitierung des Apfelwicklers zu erreichen. Inzwischen liegen aus mehreren Ländern Meldungen über gelungene Anwendungen der Überschwemmungsmethode auf kleinen Flächen vor. Über ihre hohen Kosten wird zumeist nichts mitgeteilt.

Die bisher eindeutig besten Ergebnisse einer biologischen Bekämpfung von Schädlingen mit Hilfe von in Massen gezüchteten Schädlingsfeinden werden in zunehmendem Maße von Gewächshauskulturen gemeldet. Hier gibt es inzwischen Firmen, bei denen man zur Bekämpfung von Blatt- und Schildläusen, Mottenschildläusen sowie Spinnmilben bestimmte Schlupfwespen-

und Räuberarten kaufen kann. Die mit ihnen erzielten beachtlichen Erfolge beruhen darauf, dass es sich unter Glas um künstliche und stark vereinfachte Ökosysteme handelt mit wenigen Tierarten und Artgleichgewichten. Hier können relativ einfach gezielte Eingriffe vorgenommen werden.

Doch braucht die Anwendung dieser Methode nicht immer auf der Massenzucht von Schädlingsfeinden (Antagonisten) zu beruhen. In manchen Fällen genügt auch das Einsammeln von Antagonisten an einem Ort und die Freilassung an einem anderen, um die Wirkung des Schädlings zu vermindern. Ein gutes Beispiel hierfür bietet die in den letzten Jahren in großen Teilen Europas in Massen auftretende Rosskastanien-Miniermotte, *Cameraria ohridella*. Sie wanderte vom Balkan herein, bringt das Kastanienlaub zur Verfärbung und zum frühzeitigem Abfall, was in den Parks und Biergärten sehr unerwünscht ist. Ihr in Blattminen verstecktes Leben und ihr Auftreten in zahlreichen Generationen machen chemische Bekämpfungsmaßnahmen aussichtslos. Da nun die winzigen Motten in den Blattminen der abgefallenen Blätter überwintern, kann man im Herbst das am Boden liegende Laub einsammeln und in mit Gaze überspannten Kisten überwintern, um im Frühjahr, wenn die Motten und ihre Parasiten schlüpfen, beide mit einem Saugrohr (Exhaustor) gezielt einzusaugen und die Parasiten unter den Kastanienbäumen freizulassen. Dadurch ist eine Anreicherung dieser Schlupfwespen möglich, die den Befallsdruck der Motte stark vermindern kann.

Insgesamt betrachtet, ermöglicht die kurzzeitige Anhebung der Antagonistendichte durch Massenzucht und Ausbringung oder Einsammeln und Verlagerung in der betreffenden Schädlingssituation nur eine Verschnaufpause. Wenn nicht versucht wird, die Ursachen des Fehlens der natürlichen Schädlingsfeinde zu ergründen und zu beseitigen, und diese liegen in der Struktur der Ökosysteme, wird man weiterhin den Schädlingsmassenvermehrungen hinterherlaufen müssen.

54. Mischwaldproblem
     Dauerwirkungen

Nach allem bisher Gesagten wird klar: Wir müssen zu den Wurzeln des Schädlingsproblems vordringen und versuchen, dort Veränderungen vorzunehmen, wenn wir eine dauernde, nachhaltige Anhebung der Dichte der Schädlingsfeinde und damit eine Stabilisierung des Ökosystem-Gleichgewichts erreichen wollen. Das geht in bestimmten Fällen mit einer Nachholung von Schädlingsfeinden bei eingeschleppten Schädlingen, in der Hauptsache aber nur durch Strukturveränderungen im Ökosystem.

Die erstgenannte Möglichkeit betrifft schädliche Insektenarten, die unter Zurücklassung ihrer natürlichen Feinde in ein anderes Land verschleppt wurden. Die Globalisierung hat die Zahl ungewollter Schädlingsimporte in den vergangenen Jahrzehnten erheblich ansteigen lassen. Jedoch auch die Nachholung von Schädlingsfeinden aus dem Ursprungsland hat erfreulicherweise so überzeugende Erfolge gezeigt, dass heute der Begriff der biologischen Schädlingsbekämpfung vornehmlich mit diesem Problem in Verbindung gebracht wird. Es war die Geburtstunde der biologischen Shädlingsbekämpfung, als 1888 zur Bekämpfung der 1870 nach Kalifornien eingeschleppten Australischen Wollschildlaus, *Icerya purchasi*, der Marienkäfer *Rodalia carinata* als angestammter räuberischer Feind der Laus, nachgeholt wurde. Er siedelte sich in Kalifornien schnell an, breitete sich aus und drückte die *Icerya*-Dichte bis zur wirtschaftlichen Bedeutungslosigkeit herab. Damit rettete dieser Import, dessen Wirkung noch heute anhält, den von der Australischen Schildlaus schwer bedrohten kalifornischen Zitrusanbau. Wenig später begannen auch die Erfolgsmeldungen zahlreicher anderer Nachholungen von Antagonisten (Krankheitserregern, Räubern und Parasiten) eingeschleppter Schadinsekten. Das Prinzip ist klar: Das eingeschleppte Insekt öffnet mit den Möglichkeiten, infiziert, gefressen und parasitiert zu werden, neue ökologische Nischen im Ökosystem, deren Besetzung den nachgeholten Antagonisten am schnellsten gelingt. Automatisch geht das allerdings nicht. Es gibt auch oft Fehlschläge, wenn etwa der Schädling und sein Antagonist unterschiedliche Ansprüche an die Umwelt, z.B. an das Klima, haben oder wenn der nachgeholte Parasit im Konkurrenzkampf mit den einheimischen Arten, die natürlich auch die neue Nische besetzen wollen, unterliegt. Die zahlreichen Erfolgsmeldungen aus dem vergangenen Jahrhundert bilden eine Skala von schwachen, guten bis sehr guten Wirkungen, wobei üblicherweise das Gros in der Mitte liegt.

Das Hauptproblem des Pflanzenschutzes bilden aber nicht die Importe von Schädlingen und deren Neutralisierung durch Antagonisten-Nachholung, sondern die vom Menschen verursachten Veränderungen der Ökosysteme, in deren Gefolge Schädlingsübervermehrungen entstehen. Ein Überblick lässt uns erkennen, dass – wie bereits erwähnt – fast alle europäischen Ökosysteme irreversible, also nicht mehr rückgängig zu machende Veränderungen erfahren haben, dass jedoch bei vielen von ihnen Teilkorrekturen noch möglich sind. Es ist dabei zu bedenken, dass die Artgleichgewichtsfaktoren ungleichwertig sind und dass oft nur wenige Hauptfaktoren über die Vermehrungskraft und damit Schädlichkeit einer Insektenpopulation in einem Ökosystem entscheiden. Wenn es gelingt, diese Hauptfaktoren zu verändern, hat man damit auch die Vermehrungskraft des betreffenden Insekts verändert. Hierfür bietet der Kiefernspanner, *Bupalus piniarius*, und sein Verhältnis zu dem Puppenparasiten *Ichneumon nigritarius* ein gutes Beispiel. Das Artgleichgewicht des Parasiten umfasst zwei Generationen im Jahr, wovon die Frühjahrsgeneration als Hauptwirt die Raupen des Heidekrautspanners, *Ematurga atomaria* benötigt, während die Sommergeneration ihren Hauptwirt in den Raupen von *Bupalus piniarius* findet. Gibt es im betreffenden Kiefernbestand kein Heidekraut *(Calluna vulgaris)* und damit keine *Ematurga*-Raupen, kann die Frühjahrsgeneration der *Ichneumon*-Schlupfwespe praktisch nicht existieren und damit auch die Sommergeneration nicht. Das heißt, *Ichneumon nigritarius* kommt in *Calluna*-freien Kiefernwaldtypen nicht vor, was dem Kiefernspanner sehr zugute kommt: Frei von seinem wichtigsten

Antagonisten, gelangt er zur Übervermehrung. In der Tat sind bei großflächigen Kiefernspanner-Vermehrungen die Kiefernbestände ohne Heidekraut deutlich am stärksten befallen.

Aus diesen Erkenntnissen zu ziehende praktische Konsequenzen könnten verschiedener Art sein. Zum einen kann man bei großflächigen Kiefernspanner-Bekämpfungen mit dem Hubschrauber die weniger befressenen Heidekraut-Kiefernbestände aussparen, um die Antagonistenfauna, insbesondere *Ichneumon nigritarius*, zu schützen; zum zweiten wäre daran zu denken, durch Düngung (entsprechende Experimente waren erfolgreich) den Boden von besonders nährstoffarmen Kiefernbeständen so weit zu verbessern, dass sich dort Heidekraut ausbreiten kann und eventuell dessen Ausbreitung durch punktuelle Anpflanzungen unterstützen; und zum dritten könnte man die optimale Lösung anstreben, die Kiefernmonokulturen durch Einbringung von Laubbäumen in Mischwälder umzuwandeln. In diesen fände *Ichneumon nigritarius* auf jeden Fall genügend Wirtspuppen verschiedener Art für seine Frühjahrsgeneration.

Mit der dritten genannten Möglichkeit ist das Mischwaldproblem angesprochen, das in der Forstwirtschaft der jüngeren Zeit eine große Rolle spielt. Spätestens in den 50er und 60er Jahren des vergangenen Jahrhunderts, nachdem die umweltschädigenden Nebenwirkungen der chemischen Schädlingsbekämpfung offensichtlich wurden, erkannte man, dass der Mensch den Wettlauf mit den Schädlingen auf dem bisher begangenen Wege nicht gewinnen konnte. Als neuer und zugleich einziger Weg, der beim Waldschutz Dauererfolge versprach, wurde die Rückkehr zum Mischwald, wie er vor der „Vernadelung" unserer Wälder existierte, erkannt. Der Zusammenhang ist eindeutig, und man braucht eigentlich keine wissenschaftlichen Untersuchungen wie etwa jene, die schon vor 60 Jahren anlässlich einer Kiefernspanner-Kalamität in Mittelfranken feststellte, dass die Parasitierung der Eier, Raupen und Puppen des Schädlings in Kiefernwäldern mit Laubbeimischung erheblich größer und die Schädigung der Kiefern entsprechend geringer war als in Monokulturen. Mehr Pflanzen bedeuten mehr Tiere und ein dichteres Raumnetz von Artgleichgewichten, mit anderen Worten: eine größere Widerstandskraft gegen Insektenübervermehrung.

Das gilt auch für andere Waldmonokulturen als den Kiefernwald, vor allem für reine Fichtenwälder, aber auch für Buchen- und Eichenwälder. Im vergangenen halben Jahrhundert haben nicht nur Fichtenwälder auf großen Flächen in Europa starke Schäden durch den Nonnenspinner, *Lymantria monacha*, erlitten, sondern auch reine Buchen- und Eichenwälder (z.B. in Nordbayern) durch die Raupe des Buchenrotschwanzes, *Dasychira pudibunda*, und des Schwammspinners, *Lymantria dispar*.

Für die waldfreien Kulturflächen, vor allem die Agrosysteme, liegen die Dinge schwieriger, weil diese extrem arm an Pflanzen- und Tierarten sind und sich viel weiter als die Wälder vom Urzustand, der auch bei ihnen einmal „Mischwald" hieß, entfernt haben. Hier sind nur kleine Schritte in Richtung auf eine ökologische Stabilisierung angesagt. Wie zahlreiche Versuche zeigten, sind solche Schritte möglich und erfolgreich. Bekannte Ansatzpunkte bilden Hecken, Brachen und Ackerrandstreifen. Über die günstigen Auswirkungen solcher Antagonisten-Refugien auf den Pflanzenbau wurde in letzter Zeit mehrfach berichtet. Als Beispiel seien Befunde aus Weinbaugebieten der Schweiz und Frankens genannt, wonach einige Arten Zwergschlupfwespen (Mymaridae) als Eiparasiten die Populationsdichte der Grünen Rebzikade, *Empoasca vitis*, dort am stärksten herabdrückten, wo sich Hecken in der Nähe befanden. Selbst in Gärten kann durch Einbringen geeigneter Heckenpflanzen sowie Sträuchern und Wild- („Un"-) kräutern die Ökosystemstruktur verbessert und damit der Schädlingsdruck verringert werden. Der erfahrene Gärtner hat stets Platz für eine „Brennnessel-Ecke".

So einfach ist das also: Schon durch Stehenlassen einiger Brennnesseln, an denen Raupen fressen, deren Schlupfwespen und -fliegen auch bei schädlichen Raupen parasitieren, stößt man zu den Wurzeln des Schädlingsproblems vor!